都市のエージェントはだれなのか

近世／近代／現代　パリ／ニューヨーク／東京

北山 恒

TOTO
建築叢書

19 世紀／君主主義の都市／パリ　オペラ座（ガルニエ宮）周辺

20 世紀／資本主義の都市／ニューヨーク　リンカーンセンター周辺

21世紀／東京の現在／「祐天寺の連結住棟」周辺

装幀　中島英樹

はじめに

都市のエージェントはだれなのか

21世紀に入って東京には、タワーマンションというのっぺらぼうな商品建築が、どこからともなく、気がつくと筍が生えるように建ち並び、都市の風景を一変させてしまった。そして、2020年の東京オリンピックに向けてうんざりとするような巨大施設の再開発が始まり、空が塞がれようとしている。空間や自然は社会的共有資本である。しかし、都市はそこに生活する者のものではない。では一体、誰がこの都市の在り様を決めているのか。そのエージェントはだれなのか。この本は、東京という都市の生成変化を、パリ／ニューヨーク／東京という、異なる都市の成り立ちから論考したものであり、2010年のヴェネチア・ビエンナーレ国際建築展「トウキョウ・メタボライジング」の展示コンセプトの全体像を詳述したものである[注1]。それは、都市を生み出した事件の起きた年とその事件に関係する都市を結ぶ、ネットワーク・ダイアグラムのような曼荼羅となった。

1968年5月、パリのカルチェラタンで学生を中心として始まった体制に異議申し立てをする運動は世界に展開した。それは「解放区」というバリケードを築いて都市空間を占拠するという闘争なのだが、それは権力から空間を収奪する闘争である。この「解放区」闘争は1871年のパリ・コミューンにイメージがつながる。行政官のオースマンによって「革命が不可能になる新しいパリ」に改造されたはずの都市には、バリケードで封鎖され「解放区」と呼ばれる自由空間が生まれていた。

ナポレオン3世の第2帝政が崩壊し、パリ・コミューンが生まれた同じ年、1871年に、シカゴでは都市の中心部のほとんどが焼失するという「シカゴ大火」があり、それを契機に全く新しいコンセプトの都市が構想されることになる。鉄骨造とエレベーターという新しい技術によって高層のオフィスビルという建築類型が発明され、それが都市の中心に林立した。このシカゴで生まれた現代都市のタイポロジーがニューヨークに転写され、急激に新しい都市の形を現す。この時期に19世紀／20世紀の規範の切断があり、ヨーロッパ／新大陸という対比が明らかになる。西ヨーロッパでは、それまでの建築や都市のクライアントであった宗教権力や王権が退場し、成熟した市民社会が新しいクライアントとして登場する。建築は権力を表象するものではなく、機能という抽象に対応するものになる。モダニズムという建築の運動はここから始まる。

ヨーロッパが主戦場となった第1次世界大戦の最中、ニューヨークでは1916年に「ゾーニング法」が制定され、これによって建物の外形が規定され都市の風景が決定される。プライベート・セクターの無限の増殖欲望が、パブリック・セクターの抑制によって制御される。それまでは、都市の支配者という権力を掌握する人間が都市空間の在り様を決定していたのだが、ここで初めて資本主義という社会システムが都市を形づくることになる。それは「高度に自由な経済活動と完全な土地私有」を前提とする市場原理がつくる都市である。

東京という都市は複数回の破壊と再生によって変化を続けている。1923年の関東大震災によってシカゴと同じように都市の過半を焼失している。そして、1945年の第2次世界大戦敗戦後、全国のほとんどの都市は空襲によってタブラ・ラサ（白紙）となっており、そこにアメリカ占領軍によって導入された資本主義という社会システムによる都市再生が行われる。東京は中心部に高層のオフィスビルが集積し、郊外は一戸建て専用住宅地とする経済活動を中心とした現代都市につくりかえられた。そこで、人びとは都市の中心部と郊外を、毎日同じ時刻に往復運動するという日常生活をすることになる。この近代化された日常生活とは、アメリカを頂点とする資本主義社会というレジーム（体制）が要求するものである。この抗しがたく日常を覆い尽くすレジームに抵抗する運動が、１９６８年に学生を中心として世界に展開した反体制の闘争である。その後、この反体制の意識とともにソビエト連邦を中心とする共産主義社会という対抗するイデオロギーの存在によって、この資本主義は抑制がかけられていたようである。

しかし、１９８９年のベルリンの壁崩壊以降、対抗するイデオロギーが不在となり、世界は資本主義の独裁が始まる。資本が望むところに自由に投資できるグローバリズムという経済空間がつくられる。資本は巨大化し、そこでは建築も都市も資本という権力に奉仕するものとなる。ひとつは資本のスペクタクルを現す「呼び物」としてのアイコン建築の登場である。それは、人間が使うことは副次的な要件であり、環境対応や維持管理などはどうでもよいというものであり、新奇性を際立たせるために、その建築は周囲との関係性は切断されている。もうひとつは、マーケットに対応するクリティカリティの異常に高い建築である。それは、マーケットによって最適化されるために、その解答はほぼ同じである。まるでコピー&ペーストしてつくられているような「のっぺらぼう」な無名性の建築である。

この「呼び物としての建築」と「のっぺらぼうな建築」は非対称に存在する建築のようであるが、その背景はともに民主化された匿名的金融資本が生み出す都市現象である。イデオロギーの終焉が語られ、建築の世界において無思想性であることが当たり前となる。この期間、建築の世界には重要な思想書は提出されてない。都市は「呼び物としての建築」と「のっぺらぼうな建築」で埋め尽くされるのであろうか。これらの建築は、そして都市も人びとの生活のためにつくられているのではない。それは無根拠性と無思想性が支配する商品なのだ。

２００８年のリーマンショックでは、金融資本が投機対象とした住宅をもつ人びとが破産するのをみた。さらに２０１１年の東日本大震災では多くの住宅が津波によって流されるのをみた。そして原子力発電所という巨大インフラが大きな社会リスクであることを知った。この一連の経験によって、私たちは建築や都市は本来、人びとの生活を支えるためにあることをもう一度覚醒させられているように思える。未来は、パブリック・セクターの抑制を乗り越える「解放区」が、都市の可能性をつくるのかもしれない。

本書は、都市と建築を生産している「エージェント」はだれなのかという問いを抱きながら、時間と空間を巡る都市の考察である。

1　「TOKYO METABOLIZING」展（ヴェネチア・ビエンナーレ第12回国際建築展日本館２０１０）

目次

第Ⅱ部　新しいタイポロジーのスタディ

第Ⅰ部　都市のエージェントはだれなのか

●1――近代の黎明

私たちは都市（または、住宅や街）の中で日常生活を過ごしている。人は目の前に当たり前のように、いつも存在しているものを疑うことはない。まして、生まれる前から存在している都市（または、住宅や街）の空間は、そこで生活する人の記憶となり、その人の存在理由にまでなることがある。この当たり前のように在る空間こそが、人の生きる規範である。人は都市（または、住宅や街）の空間の中で日常的に生活することによって拘束され、そして生かされている。

都市空間という規範

アマゾンの上流、アンデス山脈の麓にサンタクルスという街がある。サンタクルスとは「聖なる十字架」という意味で、世界中のキリスト教圏に存在する街の名前である。アマゾン上流にあるサンタクルスは、熱帯ジャングルを切り開いた樹木が市街地に残るガーデンシティとして知られている。市の中心部の旧市街は中央に教会とその前のスクエアな公園をもつ典型的な植民地の都市で同心円状に都市が発展している。都市周辺は樹木に埋まるような独立住居で埋め尽くされ、郊外は熱

図 1-1　ボリビア　サンタクルス

帯ジャングルという自然環境に戻る。サンタクルスに向かう飛行機の窓から見ていると、荒涼としたアンデス山脈の山肌から、突然緑あふれるアマゾン上流の熱帯ジャングルが現れ、そして、そのジャングルに編み込まれるようにこの街が現れる(図1-1)。このボリビアのサンタクルスは、その近郊にミッションと呼ばれる世界遺産に登録された、16世紀末から17世紀にかけてイエズス会が伝道の最前線でつくった植民都市群が存在することで有名である。植民都市といっても収容する人間は千余人であろうか。しかし、集落より大きい。その植民都市は熱帯ジャングルの中に、一定の間隔でつくられている。地図で見ると、この植民都市群がジャングルの中に壮大に付置され、展開している構図がわ

図 1-2　広場中央の十字架

かる。互いに100から200キロほど離れているので、徒歩で移動する人にとっては、それぞれの植民都市は別世界である。しかし、ほとんど同じ空間構造で設計されているので、いくつかの都市を反復して経験すると、この都市空間によって示される規範が世界実在として感じられたであろう。

この植民都市の中心には一辺100ｍを超える大きなスクエアの広場が設けられ、広場の中央には木造の十字架がオブジェのように置かれている（図1-2）。この広場の一辺には巨大な木造の教会のファサードが面しており、その教会は中世のシトー派の僧院のように中庭を囲む回廊をもった伝道師たちの生活の場を隣接させている。この僧院はまるで砦のように囲われ、外部から完全に

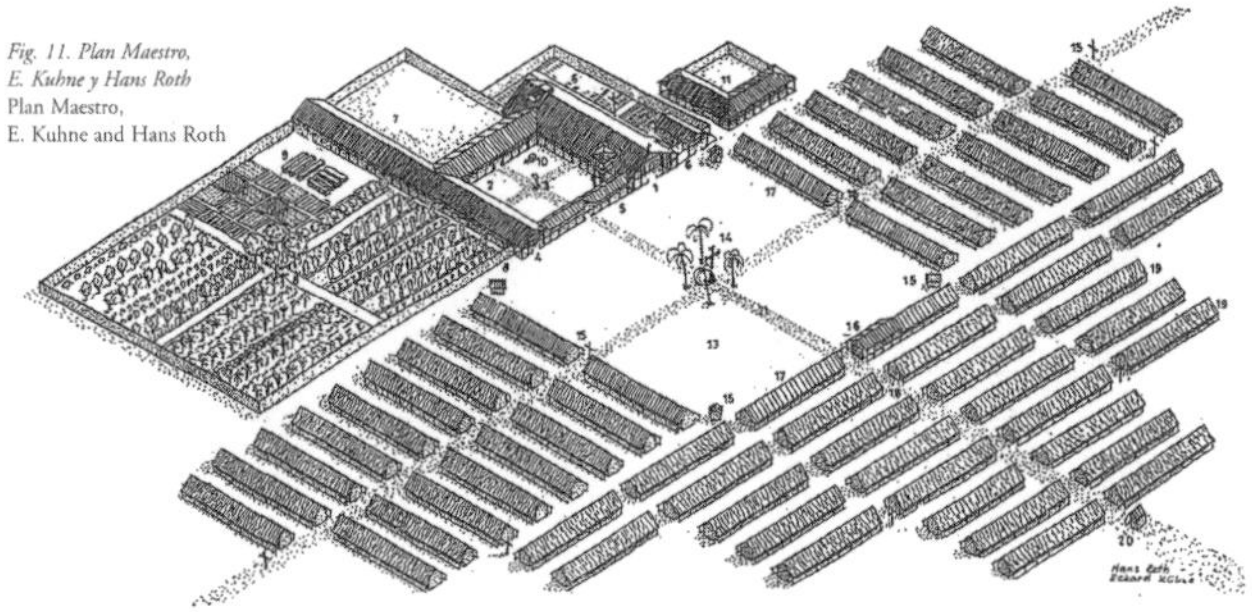

図 1-3　ミッションの建物配置

閉ざされている。都市そのものは兵舎または収容所のような木造平屋の同じ建築物が、都市組織をつくるようにぎっしりと等間隔に並列配置されている（図1-3）。都市組織の中央に置かれた広場に面する部分には、ポルティコ（囲われた歩廊）が設けられている。このポルティコによって浸透性をもたされた部分は広場に開かれた空間となっていて、店舗や役所、博物館、旅館になっている。植民都市がつくられた当初もこの広場の周囲はこのようなパブリックな施設が設けられていたのであろう。この中央広場の周囲にある都市組織は住宅群であり、それがグリッド状の街区を形成していく。このグリッドの街区で繰り返し構成される住宅は均質で平等である。この都市空間はヨーロッパに

図 1-4　木造教会の聖堂

ある都市を抽象化したダイアグラムのようでわかりやすい。それはキリスト教という宗教を中心とした実空間の曼陀羅であり、この空間を経験することでヨーロッパの文明というものが身体的に伝授されたのであろう。

鐘楼の鐘によって規則正しい時間という概念が伝えられ、教会のミサに流れる音階によって構成された音楽という概念が伝えられたのである。誰でも入れる公的領域の広場という中心が存在し、その都市中心に店舗または市場という交易の場所が設けられ、貨幣によって商品が交換される資本主義という社会システムが伝えられる。そしてこの都市中心の広場に面して役所など社会を組織する公的機能が置かれている。都市の大部分を占める住宅地はヒエラルキーのない私的領域の単位であり、その単位は家族が構成する。が、民主的な主権の存在はこの都市曼荼羅の中では示されない。これは宗教が支配する都市空間なのである。この都市は植民してきたヨーロッパ系の人びとのためにあるのではなく、先住民をこの都市で生活させ教化するという目的がある。この空間曼荼羅によってキリスト教を中心とした世界観を身体的に教え込むという意図である（図1-4）。

都市という概念

レヴィ＝ストロースの『悲しき熱帯』の中に、この植民都市と同じ地方にある先住民の集落に関する記述がある。この地方に見られる一般的な集落の構造は、小屋が円環状に配置された環状集落（図1-5）で、この円環は一重ではなく幾重にもなった同心円の形に配置される。この環状集落はこの地方のすべての村に見られる構造であり、その集落はおよそ150人[注1]の人口によって構成されていると書かれている。

レヴィ＝ストロースが記述するこの150人ほどの構成員による環状集落は、特権や伝承や位階や権利や義務などの、込み入った網目が空間の中に結び合わされている。単純な空間構造に見え

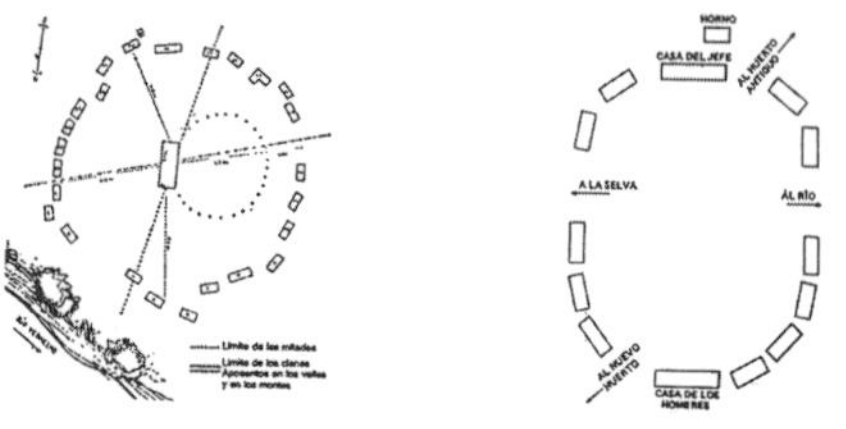

図 1-5　環状集落平面

るこの環状集落の中は、社会区分を仕切る複雑な構造が内在しているのだ。『悲しき熱帯』では、その記述が数十ページにわたって続く。たとえば、同じ集落に属しながら、この集団は村の中心を通る東西に引かれる見えない線によって北と南のふたつの半族に分けられ、その半族は、単に結婚だけでなく、社会生活の他の面も規制されている。一方の半族の或る成員が何かの権利を得、あるいは義務を負うことになった場合、それはもう一方の半族の利益のためか、もしくは助力によるものである。ふたつの半族の均衡によって、この環状集落の社会が構造化されているのであるが、さらに複雑な社会構造が村の平面図や住居の位置という空間構造の中に組み込まれている。空間によって社会が構造化されているのだ。この社会は不平等で均質ではない。その集団全員に複雑な階位と役（ロール）が与えられており、日常生活にはシナリオのように行動規範が決められている。この社会では演劇のように、登場する全員が記名され認識されていなくてはならない。

そして以下のように記述されている。「ダス・ガルサス河地方のサ

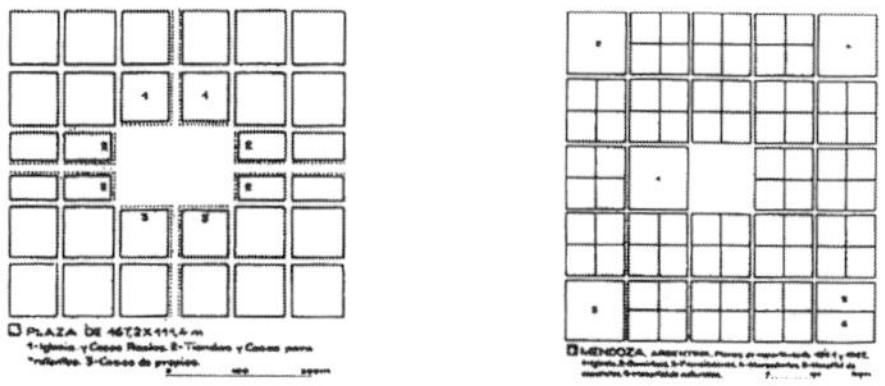

図 1-6 植民都市平面

レジオ会の宣教師たちは、ボロロ族を改宗させるのに最も確かな遺り方は、彼らの集落を放棄させ、家が真直ぐに平行に並んでいるような別の集落にすることにある、ということをすぐに理解した。先住民たちは、東西南北の方位についても感覚が混乱し、彼らの知識の拠りどころとなる村の形を奪われて、急速に仕切りの感覚を失っていった。それはまるで、彼らの社会組織と宗教組織があまりに複雑なので、集落の配置によって顕在化されている図式なしには済まされず、彼らの日々の行いが図式の輪郭を果てしなくなぞっては甦らせている、とでもいうようだ。」注2。空間の配列によって社会が定位されており、その空間の欠落によって社会構造が壊れる、ということが観察されている。レヴィ＝ストロースの『悲しき熱帯』の中にはイエズス会の植民都市に関する記述はないが、「家が真直ぐに平行に並んでいるような別の集落」はそれを指していると思われる。建築が集合して生活そのものを引き受けることのできる都市組織（ティッシュ）となるとき、それは社会規範や文化そのものを教化する空間装置のような機能をもつことを示している（図1-6）。

さらに、社会集団の規模が大きくなり、互いの固体認識ができない人が登場する社会＝都市では個人の役（ロール）は特定できない。そこでは、都市を構成する成員の個別の役が消去され平等で均質な個とさらに上位の社会規範が要求されるのだ。

近代という規範

大航海時代以降、世界はヨーロッパ文明に覇権されているのであるが、このヨーロッパ文明は空間と人間の関係を政治的に理解する文明のように思える。だからこそ、その権力は巧妙に空間を支配し、その力の行使に空間を利用してきたのではないか。空間とは個人的に経験するもので、人間のスケールを超えた拡がりに感動したり、抑制された光の入り方に詩性を感じたりするもので、そこには言語以前のコミュニケーションが存在する。パーソナルな空間の観賞は美学の問題なのだが、集団に対応する空間は人びとの行為を管理する政治的道具である。その空間が繰り返し反復されることで社会規範を生産するのだ。都市空間とは社会規範そのものである。そして人びとはその空間の中で日常生活を実践することで、振る舞いを教育され規範が刷り込まれる。だから、都市はその時代を表現する文化装置でもある。

近代という文明は、地中海沿岸で12世紀に覇権を争ったイスラム世界とヨーロッパ世界の交易上のパラダイム抗争で優位に立ったヨーロッパ世界の覇権[注3]に始まり、そしてその後、16世紀の大航海時代によって、当時ヨーロッパに生まれていた「近代」というアイデアが世界を支配し、前近代と近代という時間の切断面をつくったという見方がある。この場合、近代化とはヨーロッパ化である。ルネッサンス以降、ヨーロッパで発達した社会制度、思想、生活様式を規範とする世界が「近代」である。その世界を伝えるのには建築や都市空間そのものを移植する植民都市を建設し、その空間の中で生活させることが最も効率的であったのであろう。南北アメリカはヨーロッパに発見され、多数の植民都市が建設され、18世紀には近代に組み込まれたのである。

このようにして南米の先住民族の文明は消去され、ヨーロッパ文明が上書きされた。歴史上存在したあらゆる都市は、何らかの偏在する大きな権力によって、また何らかの意図をもって形づくられてきた。都市空間は人びとに規範を与えるのに都合の良いメディアなのである。植民都市を構想したエージェントはイエズス会という宗教である。

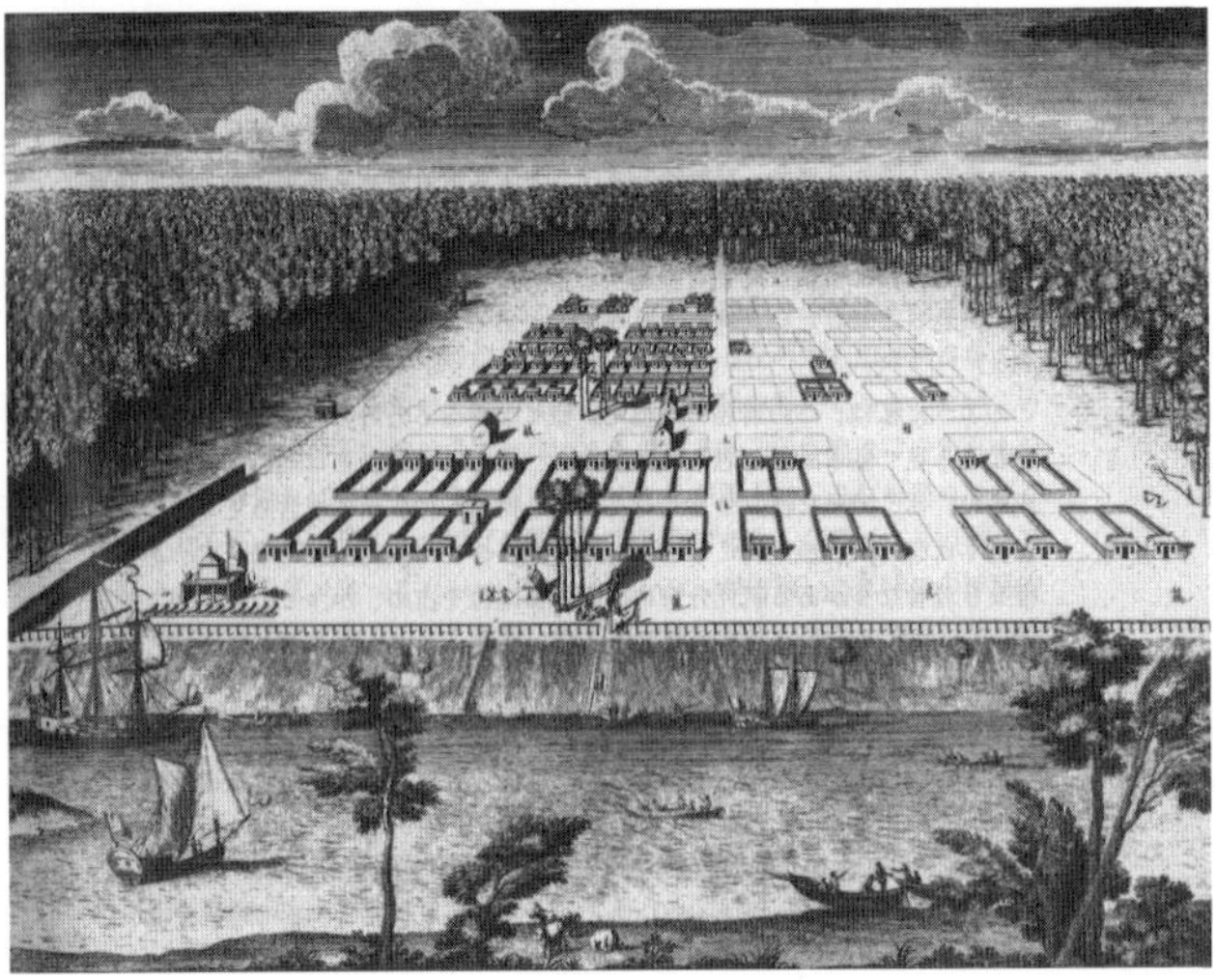

図 1-7『都市の建築』（アルド・ロッシ）の序論に使われている植民都市の挿絵

ヨーロッパ文明の覇権

アルド・ロッシは20世紀中葉の都市化が進行する中で、伝統的なヨーロッパの都市概念がその拡張に対応不能になる状況から都市論を描き起こそうとする。それは、都市を空間から語ることが困難になっていることを自覚しながら著された論考である。その序論の中で使われる最初の挿絵がグリッド状に配列される住居地の形態を示す植民都市の絵である（図1-7）。そこで「（アマゾンのジャングルに）おける先住民の部族と入植したポルトガル人大土地所有者との関係は、イエズス会教団の神権政治の理念やスペイン・フランスの植民地とも関連づけて考えられるべきで、これらは南米都市の形成にはかりしれない重要性を有するはずである。この種の研究は都市型ユートピアの研究そのものや都市構造の研究にも基本的な貢献をなし得る。」[注4]と書いている。この書物は第2次世界大戦後、急激に都市人口が増加し、それまでの既成市街地では対応できなくなっていたヨーロッパの都市の危機感から著されたものであるが、それは、一定の人口規模でまとまりを保っていたそれ以前の社会システムに対応していた都市が、急激な人口増加、スプロールによって壊されようとしている状況を観察している。社会システムの変更に対応して都市というハードウエアには変更がかけられるのだが、その状況に抵抗を示している。建築を考古学的類推のタイポロジーとして扱うことは、都市を固定的なものとして、そこに普遍的な言語を措定することである。都市そのものが壮大な集団的テキストであり、読み取り書き出しが可能であるような仮説に基づく都市組織に関する都市論なのだ。そこで対象とするものはユートピアとしてのヨーロッパの都市文明であり、その思考はヨーロッパ文明圏にとどまる。文明の非対称性を明らかにした書物ともいえる。

日本は、江戸時代には確立した固有の社会制度があり、その社会制度に対応した都市空間が存在していた。さらには近代化（ヨーロッパ化）を拒み、鎖国を行っていたために植民都市は建設されていない。明治以降に単体の近代建築が様式として移入され、関東大震災の直後には近代的都市計画（ヨーロッパ型帝都）が提案されているが、それには強権的な土地収用や社会制度の変更が必要とされ、その調整がつかないまま現実的（場当たり的な）な復興が進行して、この近代都市計画は実行されていない。関東大震災は20世紀第1四半世紀であるが、その時点でも普遍的であることを求める近代化を拒む固有の社会システムが存在していたのであろう。個人の中に抵抗の意識が存在していたとしても、それでも、現代の私たちが生きる社会はこの近代という規範に拘束されている。人びとが日常的に生活する都市とは、その規範が実体化されている空間なのである。

●2——ヴェネチア・ビエンナーレⅫから

都市の公共空間は、人びとを抑圧する権力装置である

２０１０年、ヴェネチア・ビエンナーレ国際建築展日本館の白い外壁に、赤黒い血の色で「Urban public spaces are authoritarian devices for suppressing people.」と書いた。「都市の公共空間は、人びとを抑圧する権力装置である」という意味である。プレオープンの前日だったと思うが、この文言が問題となって、事務局から白いペンキで塗りつぶすように指示がでた。現場では大騒ぎになっ

図 2-1　ビエンナーレ日本館外観

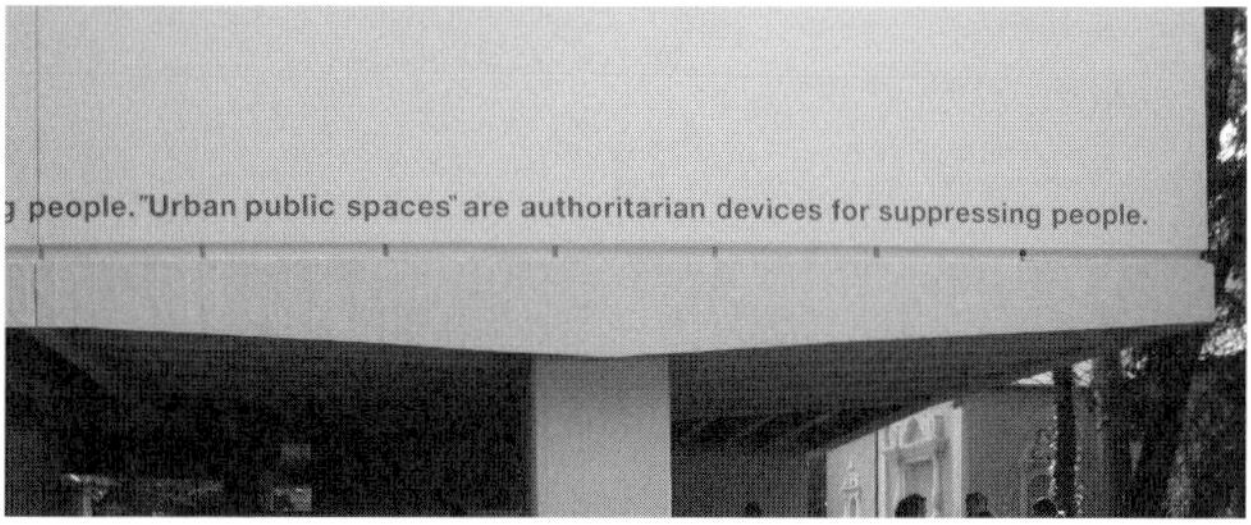

図 2-2　外壁に書いたメッセージ

ていた。その時のディレクターを務めていた妹島和世が Urban public spaces にクォーテーションを付けることで、一般論ではなく「北山個人が主張する〝都市の公共空間〟」という意味にする、という提案をしてくれた。そして、「"Urban public spaces" are authoritarian devices for suppressing people.」とされた。この機転によってこの文字が残されることになる（図2-1）（図2-2）。

実は会期前にヴェネチア中の広場という広場に、ステンシルでこの文字を書きつけようというアイデアももっていたので、もしそうしていれば、取り返しのつかない事件になっていたかもしれない。この展示では「パブリック」概念を召喚することが重要なテーマであった。都市の公共空間が権力装置であるとしたのは、ヴァルター・ベンヤミンの書物にあるオースマンのパリ改造の物語から得たアイデアであるが、同時に、「パブリック」という概念は固有の日本の社会にはなかったものので、ヨーロッパ文明から移植されたものではないかと考えていたからである。

19世紀のパリと20世紀のニューヨーク

「トウキョウ・メタボライジング」というタイトルをつけた日本館の展示は、21世紀初頭の東京で起きている都市状況を分析的に展示しようと企画したものである。東京という都市は１００年のうちに〈関東大震災〉〈東京空襲〉〈高度成長期〉という徹底的な都市破壊を経験した。さらに1960年代の〈高度成長期〉から続く経済活動に伴う暫時的な更新は今も継続しており、東京の建物の平均寿命は26年である。絶えず生成変化を続けるようにみえる東京を、その状況をつくり出している社会制度から分析してみようと考えていた。それをわかりやすくするためにパリ、ニューヨーク、東京という3つの都市の成り立ちを、時代とその背景にある社会制度によって比較することにした。そして、その都市組織の中でも、パブリックという概念を示す空間は人びとが自由に体験でき、そして体験することで人びとにパブリックという概念が教育されるものとして注目したのである。パブリックという空間は、社会制度に直結する政治的秩序の組織原理であり、都市で生活する人びとに権力がその意図を伝達するメディアであると考えたのである。そして、いささか強引ではあるが、パリを19世紀の帝政という社会制度がつくった都市であるとして「City of Monarchism」とし、ニューヨークを20世紀の資本主義社会を表象する都市であるとして「City of Capitalism」とした。

ビエンナーレの会場では、このふたつの都市の航空写真にその社会制度を表す言葉を表記して展示した（図2-3）。それは、都市形成にかかわる権力の主体または社会制度によって、その都市がつくられた、という意図をわかりやすく表記しようと考えたのである。後述するが、19世紀都市として「City of Monarchism」と名づけたパリの都市形成では、「市民的公共圏」と「人民的公共圏」

図 2-3 ビエンナーレ会場3都市の写真

の抗争がみられる。私たちを魅了するパリという素晴らしい都市は、都市空間の生成過程を見ていくと、帝政という強大な権力が社会を支配し、そして「人びとを抑圧する権力装置」としてその都市空間をつくり上げたことがわかる。人間の存在を凌駕する権力の存在が、反転して人間の手には届かないと思わせる崇高な都市空間を生み出したのである。

そして「City of Capitalism」として20世紀の都市を表象するのはニューヨークである。アメリカはヨーロッパからの植民によって移植した近代思想と産業技術を背景として、19世紀末には旧大陸と並ぶ資本主義社会が形成されていた。そして、20世紀前半には第1次世界大戦で戦場とならなかったこの新大陸は世界の富を集積する。ニューヨークは20世紀初頭の急激に拡張したバブル経済の活動を支えるために一気につくられている。それは、資本主義という社会制度によって、主体が不在のまま自動生成されたように見える。そして、20世紀の世界の都市はこの都市の成功譚を規範としてつくられている。私たちの生きる直近の世紀を表象する都市である。

このヴェネチア・ビエンナーレ日本館の展覧会のカタログに「歴史上存在したあらゆる都市は、何らかの偏在する大きな権力によって形づくられてきた。」と書いた。これまで建築家は教会などの宗教施設や、国家を表象する文化施設などの政治的装置、そして巨大商業施設などの資本に奉仕する商業施設など、人びとをコントロールしようとする権力のための装置をつくり出すことを主題としてきた。建築とは社会制度を表示するものであったから、権力を表示するものとして立ち現れるのは当然である。しかし、現代はこのような非日常の空間にある大きな権力に対応する建築だけではなく、私たちの日常の生活さえも商品化された空間に支配され、切り刻まれ孤立している。このような見えにくい権力を注意深く認識し、この日常的空間に立ち向かうことで、人びとの関係を再編したり共同体の意味を明らかにすることができる、と考えた。だから表題の「権力装置」という概念は重要な意味をもっている。もし、未だ誰も経験していない未来の都市風景があるとしたら、それは都市の中で権力装置が作動しない空間の中に生まれるのかもしれない。そして、そこにこそ発見すべき建築の主題があるのではないかと考えていた。

21世紀初頭の東京

”21世紀の都市は東京である“とするのは躊躇するが、国際建築展なので希望をこめてマニフェストにすることにした。さらに、東京にはパブリックという空間感覚が希薄であるとも考えていたので、それを表明するためにも「人びとを抑圧する権力装置」というマニフェストは重要であった。コミッショナーにノミネイトされた時は、その数年前21世紀初頭の東京の生活空間で提案されていた、いくつかの興味深い住宅プロジェクトが気になっていた。それは私自身のプロジェクトも含むのであるが、周囲に対して開かれ何か接続を求めるような空間形式をもつ住宅である。住宅とは私的領域に属するもので、高いプライバシーを要求される空間である。個人住宅が箱のように閉じることは当然であり、商品としての集合住宅はさらに高いプライバシーが求められるものであった。それがこれらのプロジェクトは室内に視線が侵入することを許容する空間形式をとるものである。戸建て住宅は住まい手の考え方でプライバシーのレベルは決められているが、集合住宅で視線の侵入を許容する空間構成はヨーロッパ社会では想像を超えるものである。

都市比較を行う中で、21世紀初頭、東京で試みられている新しい住居の形式をプレゼンテーションすることで、東京という都市を表現しようと考えた。そこでは、パブリック／プライベートという概念に対して、これまでとは異なる思想が展開されている。近代が空間を統御する原理として使っていたパブリック／プライベートの関係を再考し、それを乗り越えようとする建築として「ハウス&アトリエ・ワン」と「森山邸」という、ふたつの建築を紹介することにした。これらの建築はプライバシーを守ることを第一義とするそれまでの住居計画とは異なり、外部から内部へ抜ける視線が存在し、さらに互いの視線の交錯を許したりするものである。

「ハウス&アトリエ・ワン」は個人所有の建物であるが、そこには、これまでの不動産商品とは異なる空間作法が登場している。この建築は人と人の関係を切断する壁が主題になるのではなく、人と人の関係をつくる空間を主題としているように思える。その空間の作法には「弱いプライバシー」という状態をつくろうとする意思がうかがえる。4層の室内は基本的には大きなワンルームである。塚本由晴と貝島桃代という建築家夫婦の住宅なのだが、アトリエ・ワンというふたりが主宰する設計事務所が下の2層を使っている。そこでは、住宅とオフィスのアーティキュレーション（分節）はルーズである。この空間の使用者は設計事務所のスタッフとその主宰者という創造的活動をテーマとする共同体である。この建物は家族という閉じた人間の関係で成り立つ空間ではなく、外にも拡張する人間関係を生み出しており、それは拡張する家族のための建築と言えるのかもしれない。住宅とオフィスの中間にあるフロアーは、オフィスから見れば打ち合わせ室であり、住宅から見ればダイニングルームである。このフロアーは両義的であり、そのため、この小さな建築の中で公的な性格が与えられている。それは、外壁が透明なガラス壁とされているのと小さなバルコニーが設けられ、意識として外部化されていることからそれが読み取れる。この建物は縦に積んだ店舗付き住宅のような形式で、東京では小さな敷地の中でこのようにパブリックな店舗とプライベート住宅を縦に積む建築形式が存在する。外部に対して閉じようとする住宅部分と外部に対して積極的に開こうとする店舗部分をもつ形式である。このような建築では内部機能にパブリックな性格をもつため、それが外部空間に溶け出し周囲との関係性が変化する（図2-4）（図2-5）。

「森山邸」ではさらに複雑なパブリックとプライベートの操作が行われる。居室はワンルームで家族全体では使えないひとりかふたりで使う大きさである。このワンルームが隙間のような外部空間を介しながら敷地内に配置されている。ルームにはそれぞれ比較的大きな開口部が設けられているのだが、互いの関係が巧妙に決められているためにルーム同士の独立性は保たれている。路地のような隙間は互いの視線や音をコントロールするクッションのような働きをしており、遮断するのではなく気配が感じられるような関係性をつくり出している。この隙間には外部道路からも直接入ることができるので意味的にはパブリックである。しかし、ルーム同士に濃密な関係性が生じているので、外部からは入りにくい共同性の空間（コモンズ）が発生している。小さな箱に切り分けられているようであるが、この隙間がそれぞれの箱を接着する役割をもっていることに気づかされる。ここでは家族のどの箱から見てもそこに中心があるように感じられ、箱同士が相対化されている。

図 2-4　ハウス&アトリエ・ワン外観

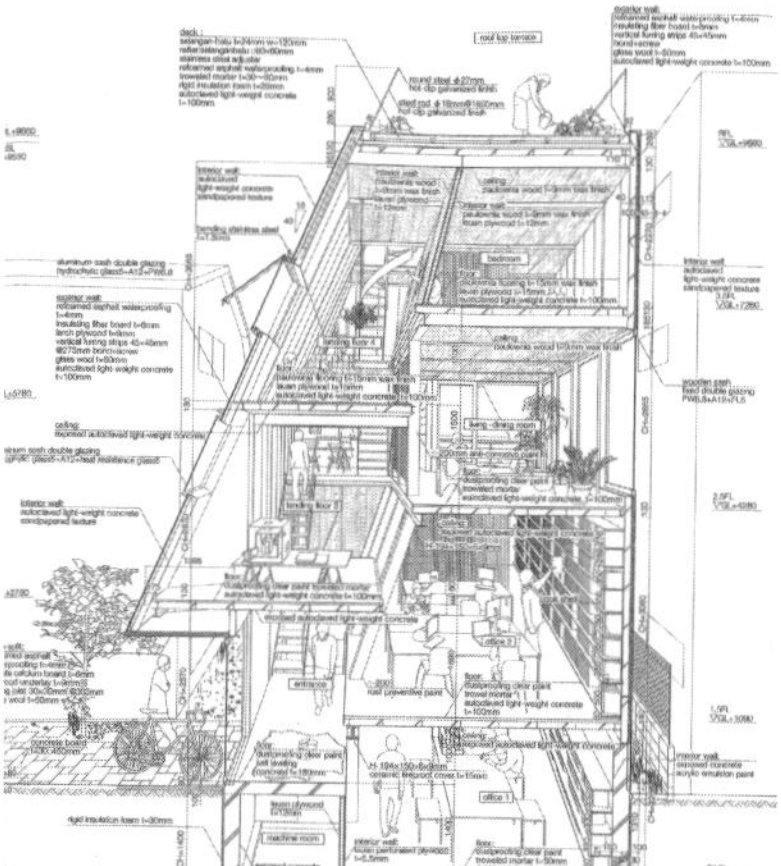

図 2-5　ハウス&アトリエ・ワンの断面構成

ための住宅という建築ではなく、拡大した家族を収容する建築のように見える。それぞれの構成員は自立して自由である。その構成員が集合することで新しい拡大した家族という共同体を生成している（図2-6）（図2-7）。

日本の伝統的な住宅は気候が温暖であることもあって、外部空間と一体となる空間の形式をもっていた。屋敷の構えをもち周囲に塀を廻して庭をつくる。敷地規模が小さくなっても戸建て住宅は同じような構えをもち、小さな庭に庭木を植え、微気候を調整する外部空間を設える。都市型の長屋でも坪庭のような小さな庭を設えて外部空間と一体となる形式をもっている。この住宅の外部に対する開放性という空間の特性を用いて、住戸間に相互に介入する関係をつくっている。これは家族という単位で閉じていた住宅が、家族という構成員が解体し、家族未満の住まい手が登場していることと、家族を超えて空間を共有する住まい手が登場してきたことに関連する。

「拡張する家族」や「拡大する家族」の存在がこの空間を登場させている。「ハウス＆アトリエ・ワン」の住人は子供のいない建築家夫妻とスタッフという疑似的家族であり、「森山邸」の住人は設計者の友人や知人の建築関係のサークルである。どちらもこの空間の住まい手は、互いの素性がわかっている。そのため、そこには互いの人間関係を調整する気配りというルールが存在し、互いの生活の気配を心地よく感じる関係性が存在している。家族を超えた高度な共同体でもあり、原始集

図 2-6　森山邸外観

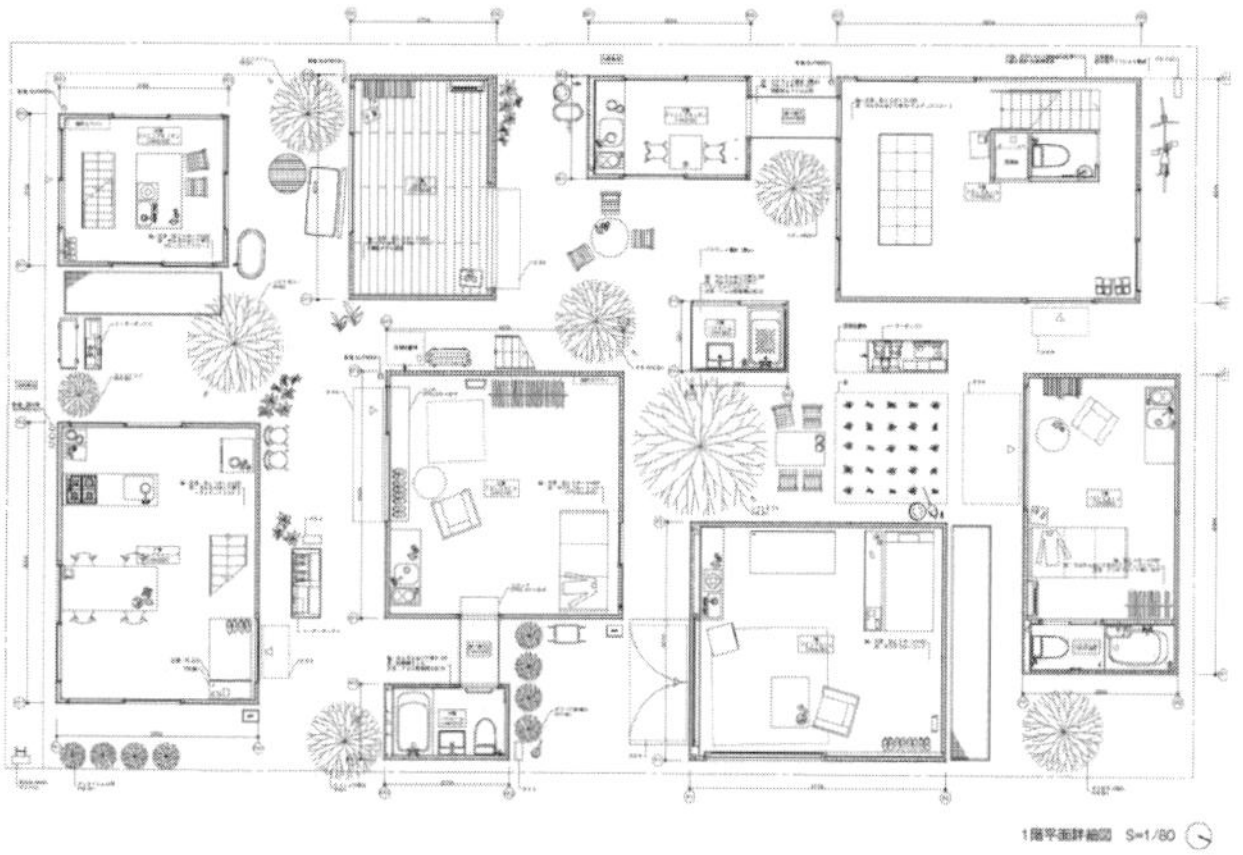

図 2-7　森山邸平面図

落がもっていた関係性に近いのかもしれない。この空間を成立させているのは共有する空間の存在である。

この「ハウス&アトリエ・ワン」と「森山邸」は、どちらも周囲は小さな戸建ての木造住宅が建て込んだ木造密集市街地の中に建っている。小さな敷地に区分され建物のグレイン（粒）が小さい東京の住宅地では、グレイン同士の間に生まれる隙間が、互いの関係を制御するクッションでもあり、同時にその隙間を通して光や風が入る微気候の調整機能ももっている。そして、この隙間を介して互いの建物が自律しているために容易に建て替えを行うことができる。木造密集市街地という都市構造は都市をリサイクルするのに都合のよい形式なのだ。木造密集市街地の在り様を肯定的に観察するとそこに新しい建築のあり方が発見できる。それを、生成変化している東京「トウキョウ・メタボライジング」というタイトルの展示とした。

同じ時期に計画していた私の「洗足の連結住棟」「祐天寺の連結住棟」も、この隙間のような外部空間を抱き込む集合住宅で、プライバシーのレベルを下げて人びとの関係性を生み出す空間を提案している。ヴェネチアではコミッショナーは自作を展示できないという規則だったので、展覧会カタログの中だけで紹介したのだが、東京オペラシティ・アートギャラリーでの帰国展（「家の外の都市の中の家」展　2011）では、「祐天寺の連結住棟」を展示した（図2-8）。「ハウス&アトリエ・ワン」、「森山邸」そして「洗足の連結住棟」「祐天寺の連結住棟」はともに、木造住宅地の中で周

図 2-8 「家の外の都市の中の家」展—「祐天寺の連結住棟」

囲の環境と応答するような空間の構成をつくっている。このような、21世紀初頭、東京の住宅地に登場している人間の関係性を求める住宅のあり方に、東京という都市が変化していく方向を感じていた。

● 3 — 19世紀のパリ

階級闘争の都市

都市を、それを構成する部品から見ようとする、「トウキョウ・メタボライジング」の主張を理解してもらうためには、展覧会ではさらに大がかりな都市構想を批評しておく必要があると考えた。ヴェネチア・ビエンナーレで展開した都市比較に至る推考を紹介する。まずは「City of Monarchism」と名づけた19世紀の都市である。

ヴァルター・ベンヤミンの『パッサージュ論』は草稿のためのスクラップブックのように見える。ベンヤミン自身の文章だけではなく「引用の断片」を並べたテキストのように見えるのだ。それは多数の書き手の文章のアンソロジーのような体裁なのだが、ある時代の都市を浮き彫りにしようとすると、アタマから書き起こす個人のイデオロギーでは不可能なのかもしれない。『パッサージュ論』からは多様性をもったテキストの束として19世紀のパリが浮かび上がる。そんな論考である。イデオロギーは見えないように書かれているのだが、背景にあるのはプロレタリアートとブルジョワジーの抗争である。

産業革命以降、19世紀の西ヨーロッパは産業構造の変化の中で、それまでは交易を中心とした商業集積であった都市が、その都市そのものが生産拠点となっていく。19世紀前半のパリは、その中で大きく都市の在り様が変化していた。それは工場労働者の他県からの流入による急激な人口増加である。そして、それまではいなかったプロレタリアートという労働者階層の群集がパリの中心に登場するのである。19世紀初頭50万人をわずかに超える人口であったパリが、1864年にはすでに100万人を超えるほどになっている。都市人口の半数が新しく登場したプロレタリアートという階層の人びとである。都市に労働者が流入する前からの市民階層と新しく都市に登場した労働者階層の人びと、これだけ明快な異なる階層が同じ都市空間に一緒に生活していた。

「1階から6階までみんな知り合いだった。職人の妻が病気になれば、1階に住む（つまり金持ちの）婦人がその世話をしに階上へあがった。資本家はその礼を革命の時に返してもらえる。憎いブルジョワを略奪しやっつけようと激昂しているプロレタリアートを前にして、かつて世話をしてもらった女性の夫は、その資本家の身柄を引き受けるのである。」[注5]ここで紹介されている逸話から、オースマン以前のパリは、異なる階層が混在するソーシャル・ミックスの共同体であったことがわかる。同時に、階層間の軋轢は大きく、革命その他暴動などが生じるたびに、狭隘な生活路地にはバリケードが構築され空間が占拠された。１８２７年から49年までの間に、パリでは8回バリケードによる空間の占拠が行われる。ベンヤミンは、「オースマンの工事の真の目的は、内乱が起こった場合に備えておくことだった。パリの市街においてバリケード建設を永久に不可能なものにしたかった。同じ目的を掲げて、ルイ=フィリップ王はすでに舗装用の木煉瓦を導入していた。それにもかかわらず、二月革命の際、バリケードは重要な役割を演じた。エンゲルスは、バリケード戦における戦術の問題に取り組んだ。オースマンはふたつの方法を使って、バリケード戦の防止に努めた。道路の広さはバリケード建設を不可能にするだろうし、新しい道路は兵営と労働者街とを直線で結ぶことになる。同時代の人びとは、彼の事業を「戦略的美化」と名づけた。」[注6]と書く。この時代のパリは「市民的公共圏」と「人民的公共圏」の抗争の現場なのだ。

1853年から始まるオースマンの改造前のパリは迷路のような路地をもち、親密な人間関係が存在していたようである。富永茂樹はクリストファー・アレグザンダーの論文『都市はツリーではない』を引用してオースマンの改造前のパリを「セミ・ラティス構造」に例える。その文章に並べて紹介されるのであるが、ボードレールはこの都市改造によって失われていく共同体を詩人の憂鬱として愛おしむ。ベンヤミンは1892年生まれであるから、当然パリの改造前には生きていない。しかし20世紀になっても残っていた（現在も存在しているが）パッサージュ（路地の上部をガラス屋根とした街路）から当時の共同体を想像する。パッサージュはオースマンの改造前の1822年から15年の間につくられた、路地を挟んだ建物の所有者が共同でつくった通路である。ベンヤミンの『パッサージュ論』の中に「フーリエあるいはパッサージュ」という不思議な小論がある。パッサージュとは、もともとは路地という外部空間であるが、そこに鉄骨の骨組を設けてガラス屋根とした半分外部のような空間なのだが、このパブリックな道路でもなく人びとが共有するようなこの不思議な空間を「フーリエ主義のユートピアの最深部に与えられた推進力である」とする。このパッサージュのようなホールによって人びとは組織づけられるとし、フーリエの提唱するユートピア共同体である「協働生活体（ファミリステール）」はパッサージュからできた都市であるる。」と書かれる（図3-1）。パリは迷路のような路地が錯綜したセミ・ラティス構造の都市組織の中にパッサージュと名づけられた、人びとを互いに接着するような魅力的な空間装置が散りばめら

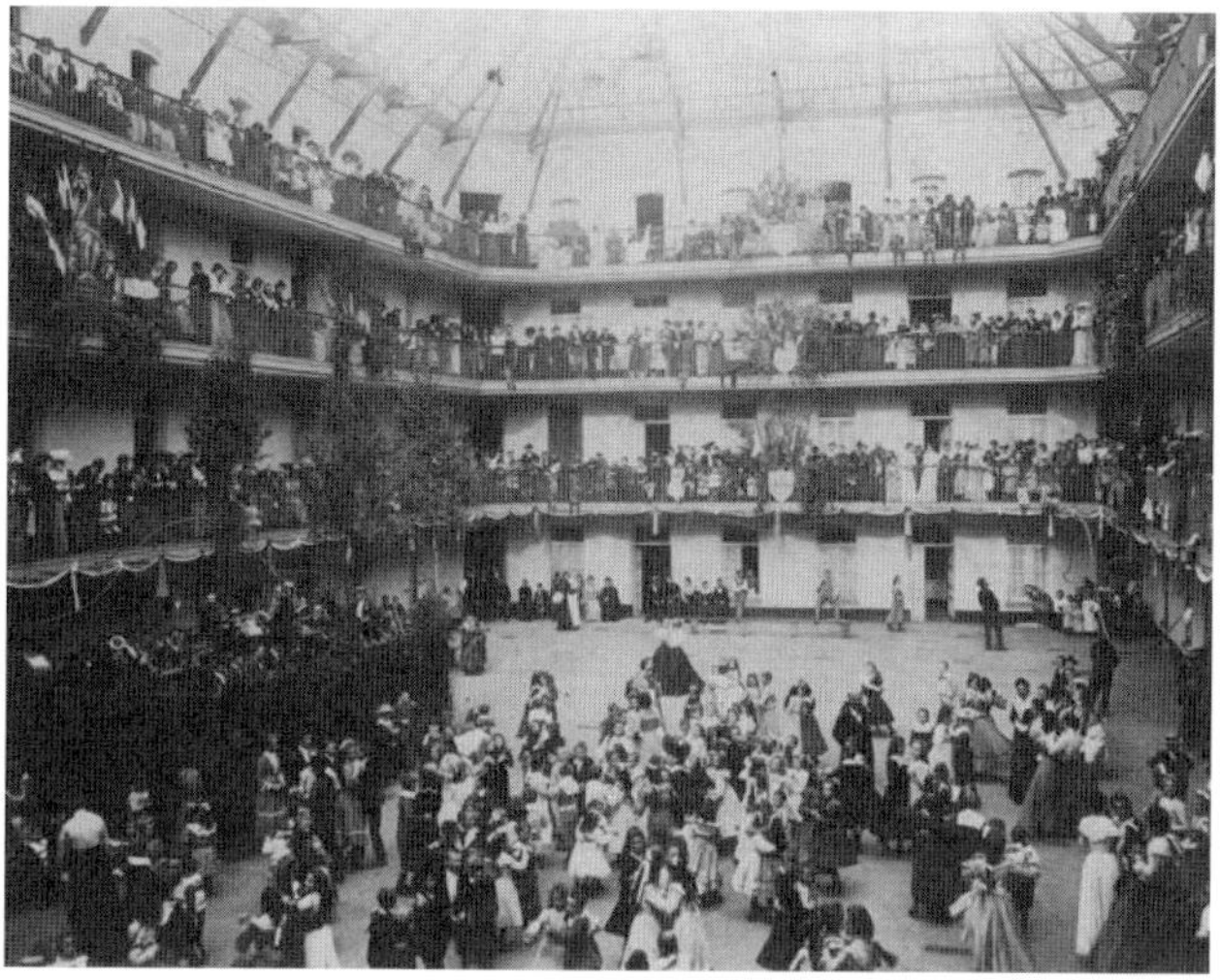

図 3-1　協働生活体（ファミリステール）

図3-2　パリリシャール＝ルノール大通り 1861〜3年

れたそんな街であった。
　オースマンはそのパリの都市組織に、ケーキにナイフを入れるように切り開き道路（ブールバール）を設け、そこにオースマン・ファサードと呼ばれる均一の都市立面を貼りつけるようにして都市をつくる。自動車が存在する前にしては広すぎる道路幅員はバリケードを築けないようにするためでもあり、また暴動を鎮圧するために速やかに兵隊を移動させるためでもあった。放射状に道路が配置され（スタープラン）、一点から多方面を監視する一望監視（パノプティコン）システムなのだ。オースマン・ファサードによって切り取られた都市空間には、人間のスケールを超えた大きな外部空間が生まれる。それがブールバールと名づけられた、見通しのきく「パブリック」という空間である（図3-2）。そこでは人びとは視線に晒され管理される。ルールに従わなければ突然逮捕されるかもしれない。だからパブリックでは人びとは公人として振る舞わなくてはならない。同時にオースマン・ファサードの内側には視線の通らない親密なプライベートが存在する。このオースマン・ファサードという板一枚でパブリックとプライベートの空間が明快に区画される。この都市空間の中で日常生活を行う人びとはパブリックとプライベートという概念が当たり前のように教育されるのだ。オースマンのパリ改造は１８５３年から１８７０年の17年の間に行われ、ナポレオン３世の失墜とともに突然終了するが、この改造はブルジョワジーの一方的勝利であると推察される。そしてもともとパリの中心部に居住していた労働者はこのオースマンの都市改造によって都心部の家賃が高騰したため、パリの周辺部に移り住むようになる。オースマンの改造は都市空間の階層化を進行させたのである。

オースマン失脚直後、１８７１年に起きたパリ・コミューンでは周辺に追いやられた労働者階級の人びとがパリの中心部を占拠し、「革命が不可能になるような新しいパリの計画」であるはずのパリをバリケードで封鎖し、解放区と呼ぶ自由空間が祝祭的に生成される。それを「突如として時間と空間を解放する祭り」が実現したとアンリ・ルフェーブルは表現する。パリの都市空間の出自はともあれ、旅行者として訪れるパリは素晴らしい都市空間である。日本の建築家たちも憧れの都市空間として描いてきたはずだ。本当にこのパリの都市空間は人びとを抑圧するのであろうか。

パリは人びとを抑圧する

2014年、「Creative Neighborhoods」という国際シンポジウムを横浜国立大学が主催した[注7]。「Creative Neighborhoods」はその日本語訳として「創造的な地域社会・空間」としたが、現代社会が壊してきた近隣＝共同体を、新しい次元で再生することが可能かということを問題としたシンポジウムである。そこでは、人間が住まうこと、その現場である住環境によって豊かな社会を創造することは可能か、というテーマを廻って議論が重ねられた。日本、フランス、チリ、オランダの建築家、行政関係者、研究者、若手実践家の対話によって、各国の住宅政策やソーシャルハウジングの社会背景・課題を整理しながら、さまざまな問題解決に取り組む実践的な事例を通して、創造的な地域社会の可能性を描き出すという試みであった。そこでは、「トウキョウ・メタボライジング」で提示した、都市内の匿名的住宅地の生成変化こそ21世紀のもうひとつの建築の主題である、という都市のリサイクルに関するヴェネチアでの私のプレゼンテーションは、ヨーロッパからの参加者には共有された認識であった。パリの都市シンクタンクのディレクター、ドミニク・アルバからは、都市／地域のリサイクルが報告された。ソーシャル・ミックスやプログラム・ミックスを図るパリの都市戦略が具体的に示される。

パリでは現在も都市周辺や郊外に低所得者や移民が偏在して居住しており、社会階層の分離が大きな問題となっている。人びとは自らの選択で住宅を選ぶが住宅政策と市場に誘導される構造によって住む場所を強制されている。アンリ・ルフェーブルは、絶えずオースマンのパリに対して「国家官僚主義の戦略」という言葉を使って批判している。現代のパリの官僚であるドミニク・アルバはパリの都市のあり方を差配する重要なポジションにあるのであるが、オースマンのパリの都市空間についてオリエンテーションを無視した街区構造や、共同体が生まれにくい厳格なパブリック／プライベートの都市ファサードの問題をシンポジウムの中で指摘する。このプレゼンテーションを聞いて、パリの都市空間は人びとの生活を超越した論理によって組み立てられているために、その都市空間は「人びとを抑圧する権力装置である」と言えるのだと思えた。

パリのメトロの駅からブールバールに出ると、壮大なビスタが抜けるバロック空間の中に飛び込む。パリという巨大な都市システムの中に居るということが強制的に感じられる。このような人間のスケールを超えた壮大な都市空間を日常的に経験することによって人びとは都市に帰属するという感覚が教育されている。オースマン・ファサードという画一的な都市立面によって切り取られた壮大なバロック空間こそパリという都市が示すパブリック空間である。それはあまりに見事なもので覚醒すれば滑稽にも思えるのだが、人は超越的事物に服従するものなのだ。

ル・コルビュジエはひょっとするとこのオースマンのパリを覚醒した眼で見ていた人なのかもしれない。ル・コルビュジエが提案する「近代建築の5つの要点」は、このオースマン・ファサード

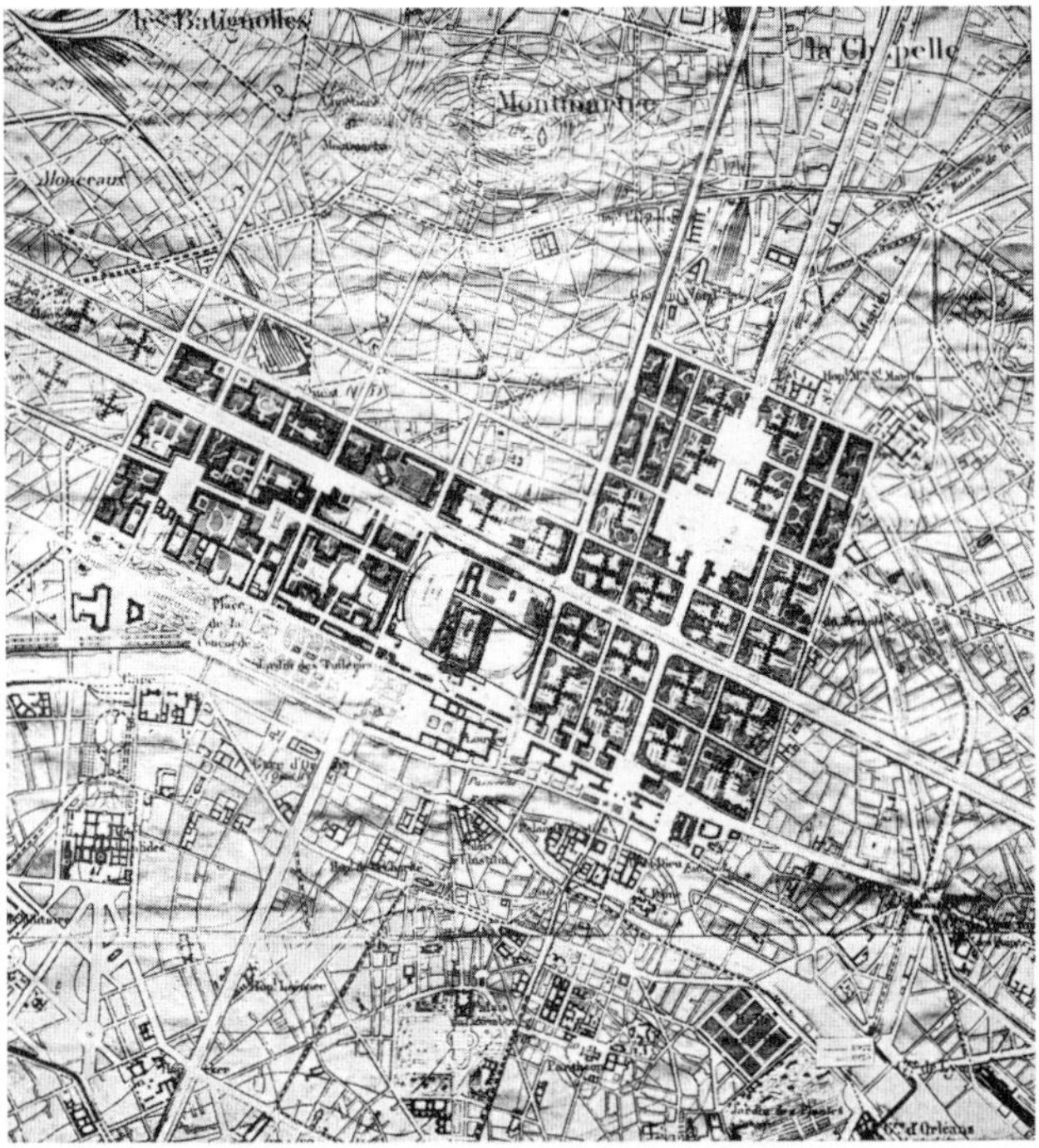

図 3-3　ヴォワザン計画

を破壊する設計図のように読める。まず、第1要点のピロティ、これはパブリック／プライベートを仕切る壁の否定である。ピロティによって都市の中を彷徨う人は壁を突き抜けてどこまでも自由に行き交うことができる。壁によって私的領域から公的領域を切り分け、街区という都市構成を原理としたオースマンのパリを完全に壊している。自由にアクセスできる空間を白とするノリによって描かれる白黒の都市地図では表現できない都市空間が構想されている。他の4つの要点（屋上庭園、自由な平面、水平連続窓、自由な立面）も不自由なオースマンの規定する建築物の否定である。そして1925年に発表するヴォワザン計画では、パリ市街の中央部を破壊して光と緑の溢れる公園のような空地の中に超高層ビルがまばらに林立するという、パリ破壊のアイデアが提案される。ル・コルビュジエはこの都市の不自由さに辟易していたのではないかと思う。パリで日常生活をしている者でしか、このパリという空間の抑圧は感じられないのかもしれない（図3-3）。

19世紀都市のオルタナティブ

ところで、19世紀半ばはバルセロナでもパリと同じように都市改造が求められた。先に見たように西ヨーロッパではこの時期、都市が生産の拠点となり、工場が都市の中心部に建てられ、多くの

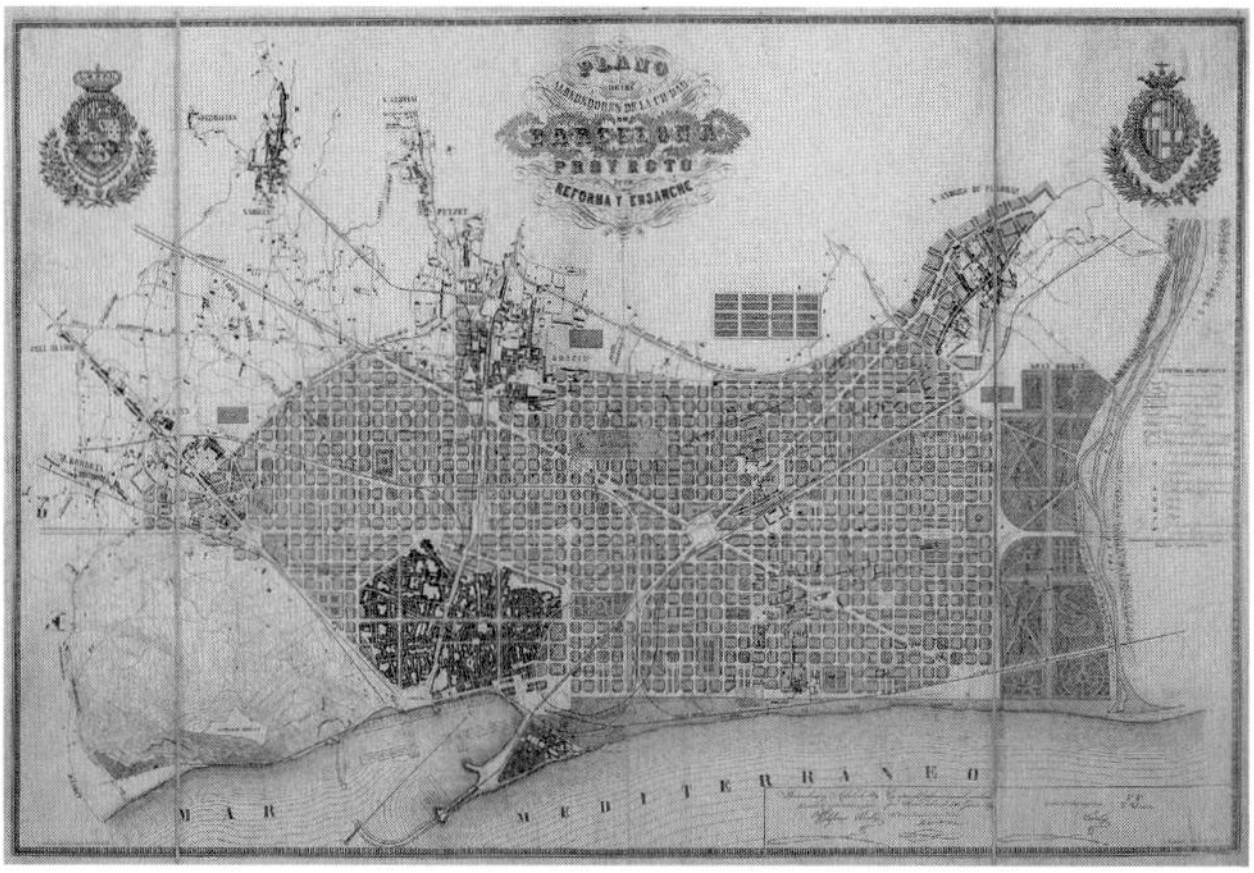

図3-4　バルセロナ地図

労働者が都市に移り住む。都市は異なる階層間の抗争の現場となるのであるが、パリでは行政官のオースマンが労働者の暴動を抑圧するために見通しのきく切り開いた道路を設け、暴動をコントロールしようとした。バルセロナの都市改造を担当した土木技術者のセルダは、オースマンとは異なるアプローチで都市改造を行おうとしている（図3-4）。まず、セルダは都市改造を行う前に、都市に起こっている問題を科学的に把握しようとするのである。それは、都市に住む工場労働者の生活環境の実態調査を行い、1856年には『労働者階級の統計的研究』という報告書をまとめている。その内容は住宅面積、家賃、生活費、労働条件、公衆衛生など驚くほど子細な調査が行われているものである。オースマンがナポレオン3世の命を受けて、ブルジョワジーのための都市を整備したのに対して、セルダはプロレタリアートのユートピアを建設することを目指していたのではないかと想像する。セルダの提案したバルセロナの都市計画は均質な格子状の市街地なのだが、それは平等と解放を持ち込むシステムとして都市を構想しているように思える。格子状の街区を単位として、25単位に教会と小学校、100単位に市場、400単位に病院と都市公園というように生活サポート施設を均等に配置するというものであった。セルダはその成果を1867年に『都市化の一般理論』という都市計画の概念についてまとめた書物の中で著している。セルダは「市民社会の諸問題に対処するために都市を計画しようとした最初の都市計画家だった。」注8

まとめてみると、19世紀前半の西ヨーロッパの各都市は産業革命以降の産業構造の変化の中で、都市内に工場が建てられ工場労働者を地方から集めていた。急激な人口増加によって生活を支えるインフラが不足し居住環境は悪化し、都市内はプロレタリアートとブルジョアジーの異なる階層が共存していた。19世紀の西ヨーロッパでは急激な社会の変化の中で、大きな権力を与えられた個人が都市を構想する。この都市というハードウエアが軋むような社会変革の中で都市は姿を変える。19世紀は権力を与えられた個人が神の手のように都市空間を造形した。パリはナポレオン3世という権力者の下でブルジョワジーのための都市空間がつくられたのであるが、同時代にバルセロナでは現代に通じる方法論で都市が構想されている。しかし、いずれにしてもひとりの個人に空間の形の決定が委ねられているのが19世紀的な政治システムなのだ。ここで構想される都市は、人間の脳が構想できる限界を超えることはできない。

人間の存在を凌駕するパリの壮大な都市空間は、人びとに都市への帰属感を与え、日常生活の中で壮大なシステムの中に生きていることを感じさせる。パリは現代には得難い卓越した都市として存在している。このパリを実現させるためには、キャピタルゲインをもたらす「超過収用手法」という都市開発手法が導入されているのだが、それを運用する強大な権力が無ければ、この都市空間は生み出されなかった。19世紀のパリで行われたような、巨大な都市空間というハードウエアをつくるためには、強大な権力が集中していなければ不可能である。多様な価値を認める民主的な社会では、このような都市を形づくることはできない。帝政という強大な国家の権力が都市の姿を決めている。この場合のエージェントは帝政という国家の権力である。

●4―20世紀のニューヨーク

資本主義の運動装置

レム・コールハースの『錯乱のニューヨーク』もまた、草稿のためのスクラップブックのように見える。コールハース自身の文章だけではなく「引用の断片」を並べたテキストのように見えるのだ。それは文章のコラージュのような体裁なのだが、ベンヤミンの考察と同様に、ある時代の都市を浮き彫りにしようとすると、アタマから書き起こす個人のイデオロギーでは不可能なのだ。『錯乱のニューヨーク』からは多様性をもったテキストの束として、20世紀に世界に登場するニューヨークの成り立ちが浮かび上がる。そんな論考である。イデオロギーは見えないように書かれているのだが、背景にあるのは資本主義のゲームのように都市が生まれることを示している。このレム・コールハースの『錯乱のニューヨーク』は、ヴァルター・ベンヤミンの『パッサージュ論』を下敷きに書かれたのではないか、と推察できる。

この『錯乱のニューヨーク』も、17世紀のヨーロッパからの植民都市から話は始まる。まず、1672年にニューヨークの旧称であるニューアムステルダムの鳥瞰図が、フランス人の銅版画家によって描かれている。「図の中央には、明らかにヨーロッパ型の城塞都市が見えている。都市の存立は、都市の横長の軸に沿って直接船を迎え入れる直線的な港に依存しているようだ。教会、証券取引所、市庁舎、裁判所、刑務所、そしてこれに城壁外の病院が加わって、文明母体としての機構が出来上がっている。市内に動物の毛皮の処理や貯蔵のための夥しい数の施設があることが、唯一新大陸であることの証明になっている。（中略）地図の構成要素はすべてヨーロッパのものばかりである。ところが、ヨーロッパというコンテクストから切り離されて神話的な島に移し替えられると、構成要素は見たこともないような新しい全体をつくり上げるのである。それはユートピアとしてのヨーロッパであり、凝縮と過密の産物なのである。」[注9] しかし、この図はでっちあげである。まだ荒野であったマンハッタンに投資を促す不動産カタログとして描かれたものなのである。

ヴァルター・ベンヤミンの描くパリが19世紀の世界がつくり出した都市モデルであるとするならば、レム・コールハースの描くニューヨークは20世紀の世界がつくり出した極北の都市モデルである。しかし、このパリとニューヨークをつなぐ重要なコンセプトをもつ都市が存在する。それはシカゴである。まずはそのシカゴから見てみよう。

「現代都市とは、19世紀第3四半期に北米大陸において産み出され、大量生産・大量消費を基調とする資本主義世界システムとともに、瞬く間に全世界に普及した都市類型である。」[注10]

図4-1　1871年　シカゴ大火

「現代都市」という都市類型が生まれたのは19世紀末のシカゴである。旧大陸でパリ・コミューンと呼ばれる市民蜂起によってナポレオン3世の第2帝政が崩壊しオースマンのパリの大改造が終了した次の年、1871年。その年にシカゴで大火災があり都市中心部の大部分が焼失する。それを契機に全く新しい都市が構想される。ここから20世紀の都市を規定する壮大な都市実験が始まっている（図4-1）。

当時のシカゴは大陸横断鉄道と、五大湖とミシシッピー川の水運が交わる物流の結節点であり、大プレーリーの穀倉地帯や五大湖周辺の工業都市を背景とする物流産業の巨大資本が集積していた。シカゴはアメリカの中央に位置し、陸運と水運の交通の結節する都市であるという特別な地理的特異点であった。物流は資本主義の根幹的活動である。また、歴史的にもヨーロッパに始まる資本主義が巨大資本を運用するという新しい段階を迎えていた。シカゴはこの大火の後、巨大な資本による経済活動のための都市として大改造が構想される。それは、それまで都市の中心を占めた広場や教会や行政諸機関に代わり、資本活動を行うオフィスビルという新しい建築物が都市の中心を占めるというものであった。このオフィスビルの集積をCBD(業務中心地区)と呼び、「現代都市」では都市の中心部をオフィスビルが埋め尽くすことになる。

オフィスビルという建築類型

この現代都市は人びとの生活のためにあるのではなく資本のためにある。それ以前の宗教や王権などの支配者の政治によってつくられてきた都市空間ではない、全く新しい都市が生まれるのだ。そこには、この新しい都市を構成するオフィスビルという都市部品の発明があった。巨大資本を運営するマネージメントを行うために、大量の事務作業を行う労働者を必要としたこと、その労働者の作業は集計などの作業なのだが、同じフロアーに大勢の事務労働者を収容する建物を必要とした。現代のようにコンピューターがないので各人の作業を連動させて集計する必要があった。オ

図 4-2　オフィスビル内のホワイトカラー

フィスビルとは集計作業をする大量の事務員を集積させ、ちょうどコンピューターのＣＰＵを形成するような空間装置である。この大人数の事務作業を行う労働者を収容できるフロアーを多層に設けるというオフィスビルは、巨大資本の必要とする空間に効率よく対応できる新しい建築類型なのである（図4-2）。

多層に同一平面のフロアーが積層するためには、丁度オーティスによって実用化が始まった電動のエレベーターの登場と、そして当時急速に普及した鉄骨材の存在が重要な要件であった。それがこのオフィスビルという建築類型を可能としている。シカゴ派と呼ばれる耐火被覆をした鉄骨造の高層建築が大量に建設される。この鉄骨の

図 4-3 シカゴ派のオフィスビル

フレームを構造とする建築は建物の外壁に大きな開口部を設けることができるため、内部には光や外気を採り入れる快適な執務空間を設けることができた。
　平面形式は建物の中央に垂直動線や設備を設けるセンター・コアが開発され、外壁の窓のとれる周囲に執務空間が設けられる。建物の外壁すべてが開口部となるような独立した建築（フリースタンディング）の建ち方であり、建物頂部は水平に切り落とされている。それは、無限に続く同一平面の反復が即物的に中断されたような表現である。経済原理が要求するものなので、ある高さを超えると経済的合理性がなくなるために中断される。合理という説明可能な透明なシステムで建設されている。オフィスビルは資本の要求する建築空間なので自己増殖のオートマティズムが内在している（図4-3）。シカゴ派の建築家として有名なサリバンは、1880年から1894年の14年間に100棟を超えるオフィスビルを設計しているが、それはこの建築類型のオートマティズムを示している。限られた敷地の中に多層に床をもつオフィスビルという構成、無限に資本の増殖を要求する資本主義を表現する建築である。資本が要求する社会に対応する都市空間はこのオフィスビルという建築類型の登場によって実現するのだが、それが都市構造を変え人びとの生活も変えてしまう。都市の中心にオフィスビルを集積させるのは、大量のオフィスワーカーを効率よく集める必要があるからである。オフィスの集積するエリアを取り巻くようにループと呼ぶ円環状の鉄道を設け、そこから放射状に郊外に線路を延伸させる。都市の中心部にオフィスビルが集積し、そのCBDからの距離によって層別化された同心円状にオフィスワーカーの住む住宅地が配置される。

シカゴに登場する巨大資本は、マルクスがプロレタリアートと呼ぶ、自らの身体を使った肉体労働によって賃金を得る都市労働者階級ではなく、ホワイトカラーと呼ばれる新しい種類の都市労働者を登場させている。オフィスという空間に一定の時間拘束されデスクワークという労働で賃金を得る労働者である。この労働は作業のネットワークが重要なので同じ空間で同じ時間居ることが重要な要件である。定時に出社し定時に退社する。そのため郊外の専用住宅地と都心のオフィスビル

図 4-4　シカゴ郊外オークパークの戸建て住宅

の〈間〉の往復運動を、定刻に毎日行うという現代都市の日常生活が誕生する。

この巨大資本のマネージメントにかかわるホワイトカラーという労働者には高い賃金が支払われ、ブルジョワジーとは異なる新しい賃労働者である中産階級が登場する。土地とは切り離され都市に移入した都市労働者の家族は、男を中心とする核家族を形成する。そして結婚した婦人が働かなくてもよいという、専業主婦という裕福な階層が生まれる。この階層のための戸建て住宅は家族が集まるリビングを中心とし、ハウスキーパーという主婦が働くキッチンが大切にされる。そして、この核家族に対応するnLDKという住宅（リビングとキッチンを中心として家族分の個室が用意される）の住宅形式が登場する。フランク・ロイド・ライトがシカゴ郊外のオークパークで多数の住宅の設計をするのがこの時代である。ライトの設計する住宅は専業主婦のために考案されている。それはまるで彼女が支配するお城のようであり、そこに定住することを満足させる工夫で満たされている。今でも専業主婦にとってライト風住宅は最高の住宅モデルであり、現在の不動産広告のキャッチコピーに使われている。ライト以降、戸建て住宅という建築類型が建築の主題として認められるようになったのだ（図4-4）。

現代都市がつくる日常生活

20世紀初頭、シカゴ大学の社会学者E・W・バージェスが有名な「同心円的地域構造説」という都市発展モデルを発表する。これはシカゴ大火以降の急激な都市発展から演繹された、同心円状に発展拡張するという都市モデルである。重要なのは社会構造として「高度に自由な経済活動や完全な土地私有制度であることが必須の条件」とすることである。これはこの都市モデルは市場経済の中でつくられるものであること、さらに言えば資本主義がつくる都市モデルであることを示唆している。巨大資本の登場とマーケットがコントロールする社会。そして、それに対応する都市空間の出現ということなのだが、そのシカゴの急激な都市現象を説明する社会学理論として、シカゴ派と呼ばれる「都市社会学」が生まれている。それだけ、当時はこの現代都市の出現が大きな事件であったことがわかる。

この理論によれば、都市が発展拡大するにつれて、それぞれ5つの同心円的地域に分化するというもので、まず中央はCBD（業務中心地区）とダウンタウン、それを取り巻くトランジッション（transition）という地域、そして労働者住宅地域、戸建て住宅街、通勤者郊外としている。トランジッション地域とは業務地域の影響を受けて住宅地としては常に老朽不良化するところであるとして、外国移民の最初の居留地となり、各種の犯罪や悪徳の温床となる地区＝スラムであるとする。資本主義社会での最弱者の場所であるのかもしれない。戸建て住宅街は「zone of better residence」と表現されて、アメリカ生まれのアメリカ市民が住み、中産階級の住宅街として典型的なアメリカ式生活様式が現れている、としている。そこには、移民の労働者によって人口が急激に増えていた時代を背景としていることが読み取れる。そしてこの同心円状の各地域の生活様態や施設配置が子細に観察されているのであるが、この都市に住む人は周囲とは切り離され、孤立している。19世紀末に発見されたアーバニズム（都市生活）という社会的実体（social entity）は20世紀初頭のシカゴ派の社会学者L・ワースによって以下のように描かれている。少し長くなるが、興味深いのでそのまま引用する。

「親族の紐帯の弱化、家族の構成や機能の縮小や減退に関する問題、近隣の消失及び社会連帯の伝統的基盤の崩壊の如き現象である。都市人口の再生産率（出産率）の低下、家族機能にかかわる各種の公的、或いは商業的制度の発達、妻ないし母の就職、晩婚、独身者の増加、近親者からの分離独立、家族員の個々バラバラな関心や行動等が都市家族の特色である。健康保持や生活不安の解消や教育活動は州や国家の専門的な施設や制度によって行われるようになる。都市ではカストの区別はなくなるが、それに代わって職業収入等による社会的地位の区分は拡大され、ホワイトカラーからなる中流階層が増大する。所得は村落より高くはなるものの生活費はかさみ又、職業や収入も不安定となる。持ち家は少なく、家賃は高く、生活の必需品はすべて購入しなければならず、娯楽や教養等の必要を満たしてくれるものの、総てが商業主義の施設によって行われる。都市での娯楽施設はスリルを満たし、重苦しいルーティンな仕事、単調な日常生活から逃れるためのものであり、これによって、人びとは創造的な自己表現を確保し、多彩な集団を造り出しもするが、逆に都市居住者の傍観主義やセンセーショナルな活動をも誘発させる。個人としては無能力観が強く、従って同じ関心をもつ人びとと結んで多数の任意集団を形成する。そのため伝統的な結合様式は衰微するが、各個人は複雑な、しかし不安定な相互依存の関係に立たされることになる。このような集団参加は各人の職業や収入に基づく社会的地位とは殆ど関連はなく、それ故かかる集団への参加や活動を通ずる限りでは都市居住者は、おのれの全人格を示すことではない。それは互いに無関係な、時として撞着矛盾する各種の集団に各人が極めて部分的にのみ関与しているがためである。（中略）都市に住む大量の人間は、マス・コミュニケーション装置の統制や黒幕的背後操作者のステレオタイプやシンボル等による遠隔操作によって動かされている。かかる状況のもとでは経済的、政治的自治も単なる各自か、せいぜい圧力団体の角逐に惰してしまうであろう。家族のきずなの弱化は時に擬似親族集団を生み、社会的連帯の基盤としての地域的単位に代わって利害単位が現れる。一方コミュニティとしての都市はあざやかな中核地域はもつものの境界は明らかではない地域性と全世界にまで及ぶ分業に基づく、もろい間接的な社会関係に両極化する。社会関係に参加する人が多くなればなるほど、彼らの結びつきはより低次のものによらざるを得ない。要するに現代文明と共に現れたコミュニケーション体系と生産と分配の技術こそ社会的生活様式としてのアーバニズムを促したものとして前者の拡大するところ後者もまた、全世界まで及ぶであろう。」注11

ここに記述されている事柄を読むと、19世紀末に生まれた都市化社会に発見されたアーバニズムという社会的実体は現代の日本にも全く同じように転写され存在していることがわかる。そして、この20世紀初頭に観測されている都市型社会という社会システムは人びとを幸せにしているのであろうかという疑問がわいてくる。この１００年以上、私たちは経済活動に対応する都市空間によって、人びとは切り分けられ孤立しているのだ。

このような地域区分の現代都市の議論に対して、社会学者のＬ・ワースは「生活様式としてのアーバニズム」という論を展開している。19世紀末から始まるシカゴの急激な都市化（アーバニズム）という社会状況を資本主義社会のつくる都市の問題として分析する。それは資本主義の中にある現代社会が継続して抱える普遍的な問題でもある。個人は匿名化され分断され、社会的共同体は解体され近隣は消失する。家族の構成や機能は縮小し社会の再生産は減退する。あらゆる活動は商業主義に組み込まれ商品化される。シカゴという都市で始まるアーバニズムという社会構造は、社会学では資本主義が支配する都市社会の中で人間の関係や人びとの活動、そしてコミュニティ概念の変化を分析する。

不動産が商品化される社会では、このようなセグレゲイション（分布）は現代でも同様であり、20世紀末にロサンゼルス学派とよばれるE・W・ソジャたちの地理学者のグループは、コミュニケーション手段や自動車などの個人的モビリティによって同心円的都市構造は解体され、外心都市という遍在する中心のアイデアを提示している。しかし、そこでもセグレゲイションは認められる。いずれにせよ19世紀末のシカゴにおいて初めて現代都市という社会容態が登場したということは理解できる。

シカゴに始まる現代都市社会では、人びとに毎日同じように住宅とオフィスの〈間〉の単調な反復運動を要求した。それが現代社会の日常生活という規範を生み出している。都市社会学というものは都市の現実を類推するものであるが、その初期シカゴ派が定義する同心円都市にはゾーンごとの細かな生活様態と都市環境が記述される。人びとはゾーンごとに区分され同時に都市機能もゾーンごとに区分される。このシカゴ学派の都市理論を受けて１９３２年に開かれたル・コルビュジエを中心とするＣＩＡＭの「アテネ憲章」では、近代都市構想としてゾーニングとそれを結ぶサーキュレーションという機能都市理論が主張される。この都市理論によって、人びとは働く場所と住む場所が区分されその往復運動を行う生活の基盤が整えられ、それが現代の当たり前の日常になるのだ。

１９５０年代の西海岸のケース・スタディ・ハウスも同様であるが、シカゴ学派が示した都市の同心円第４地帯に分類されるアメリカの典型的なプチブルジョワ（中産階級）の住宅（フランク・ロイド・ライトの住宅など）は、20世紀末Ｅ・Ｗ・ソジャによって紹介される都市の解体[注12]とともに、周縁化されている。住宅の主題は移行しているのだ。モダニズムの潮流の中で20世紀の建築ジャーナリズムが主題とした中産階級の住宅、そこには建築の問題などもう存在しないのかもしれない。住宅の問題は都市の在り様と同調している。

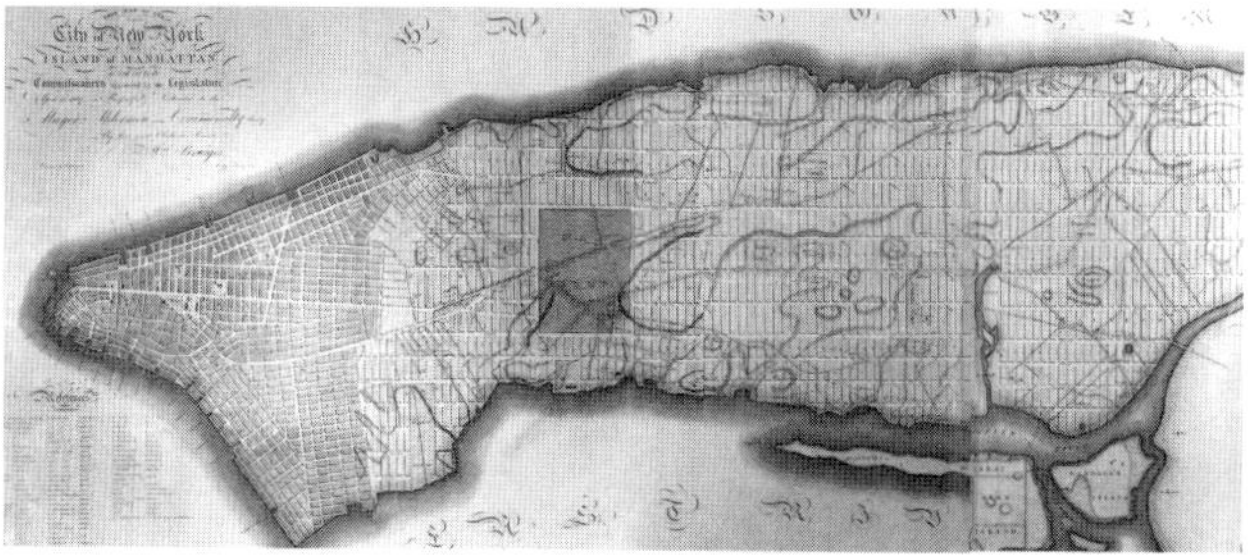

図 4-5　マンハッタン・グリッド

「マンハッタン・グリッド」というゲーム盤

19世紀末、シカゴ大火という大きな災害を契機に壮大な「現代都市」という都市類型創造の実験が行われた。１８７１年の大火で白紙（タブラ・ラサ）となった都市に、経済活動という透明なシステムに対応した空間配列が書き込まれる。その時代のこの場所、地理学的にシカゴには壮大な都市構築を行う経済的圧力がかかっていた。シカゴは19世紀後半、アメリカという新大陸の経済的中心地であった。しかし、シカゴでの「現代都市」という都市類型が完成する20世紀初頭に、旧大陸との取り引きが増大し経済的活況が訪れ、国内の経済中心であったシカゴから、ヨーロッパとの関係という国外の要件によりニューヨークに経済の中心が移動する。そこで、シカゴで開発された「現代都市」という都市モデルがニューヨークに移植されるのだが、そのニューヨークにはマンハッタン・グリッドというタブラ・ラサが用意されていた。

1807年に「不動産売買と不動産取引の質の改善」を目的とした委員会がつくられ、マンハッタン・グリッドはこの委員会が策定した「1811年委員会計画」（Commissioners' Plan of 1811）に基づく。その委員は政治家、弁護士と測量技師の3名で、空間を扱う専門家である都市計画家や建築家は入っていない。この均質なグリッドはパリやロンドンのようなヨーロッパの都市デザインにある空間の分節化や差異化が存在しない。平等で透明な経済システムなのだ。マンハッタン・グリッドは土地取引を円滑にするため等分に区画した不動産商品なのである（図4-5）。

「1811年委員会計画」は、南北に走る12本のアヴェニューと東西に走る155本のストリートをつくることを提案する。この簡単な操作でマンハッタンは13×156＝2,028ブロックに分割された。これらのアヴェニューの道幅は100フィート（約30m）で、クロスタウン・ストリートの道幅は通常60フィート（約18m）の道幅でつくられている。クロスタウン・ストリート間のブロックの幅は約200フィート（約60m）で、アヴェニュー間のブロックの幅は約800フィート（約240m）である。島の内陸部では922フィート（約281m）間隔で配置されているが、沿岸部ではわずかに間隔が狭くなっている。それは、島を南北に貫くアヴェニューはどれも主要な道路であるので、商工業の発展しやすい埠頭が並ぶ川沿いでは、内陸部よりその間隔を狭くし交通の恩恵を少しでも広くもたらそうとしている。

このマンハッタン・グリッドとは、驚くほど実利的に切り分けられた平等で透明な経済システムである。経済活動のための都市構造であることが、この都市の未来を決めていた。19世紀半ばには将来の人口の増加を予想して、マンハッタン・グリッドの中央部の3×51＝153ブロックを自然公園として残すことが決定される。しかし、この当時はまだほとんどのブロックは田舎町同然で、一戸建ての家が雑草の生えたブロックに点在するだけであった。フランス人の銅版画家によって描かれた架空のヨーロッパ型都市、教会、証券取引所、市庁舎、裁判所、市民広場など社会を支配する諸施設が都市の中央を占める都市とは異なり、都市を統治する者がどこにいるのかわからない空間構造なのだ。あるいは実体として目には見えない経済システムが背後にあるのかもしれない。「1811年委員会計画」が土地を切り分けた時に設定した不動産取引のためのシステムが内在している。

「ゾーニング法」というルール

シカゴで発明されたオフィスフロアーを何層にも重ねるというビルディング・タイプは巨大資本

の運営のために要求された空間システムである。それは鉄骨造という建築技術と鉄が建築資材として流通して安価に供給されるようになったこと、そして何よりもオーティスの発明したエレベーターによってどの階も等価になる空間システムが生まれたことである。

空間を無限に増殖させる技術は、無限に資本を増殖させる資本主義の意図と同一となり、一気に都市風景を変える。資本が支配する社会では容易に都市空間そのものが資本主義のシステムに転写されるのだ。シカゴで開発されたビルディング・タイプ＝オフィスビルという都市を構成する単位がニューヨークで暴走し、未来都市風景をつくることになる。

この無限の欲望を制御する法律が1916年につくられる。「ゾーニング法」である。それはエンベロップという、最大許容建設範囲の輪郭を定めた想像上の建築外形を描くものである。街路に対してある一定の高さ以上は斜線の制限を設けるもので、都市街路への採光や通風だけでなく、建物そのものの環境条件も高める効果があるものであった。建物の周囲に良好な執務空間を設けようとするオフィスビルは、ヨーロッパの伝統的都市にある連続壁体でつくられる都市建築とは異なり、フリースタンディングであることが重要な要件である。都市街路というボイドの在り方によってオフィスビルの商品価値が決められてしまう。この「ゾーニング法」は建物の輪郭を決めているように見えるが、このボイドを確保するための法律なのだ。このパブリック・セクターの規範はプライベート・セクターの無限の欲望を制御するのであるが、そこには良好なマーケットをつくるという巧みな資本主義のメカニズムができている。

この1916年につくられた「ゾーニング法」によって、ひとつのブロックには無限にフロアーが重なるのではなく、有限の建築の形式となる。シカゴで開発されたオフィスビルの高さは構造上の合理性によって決められているため、ビルの上昇が突然切断されたような陸屋根で終わる。それに対して、ニューヨークではこの「ゾーニング法」によって斜線に削られた屋根のように尖り、そこにクラウンという頂部を設けるスタイルとなる。資本家はその土地に投資した資金の回収を最大限求めるため建築の形はこのエンベロップに限りなく近づく。そこでは個々の建築家の役割などほとんど存在しない。建築を支配するのはテクノロジーと資金であり、建築家が関われるのはクラウンの意匠とインテリアデザイン、そして細部の装飾でしかなかった。

「メガ・ヴィレッジ（巨大集落）を構成する2，028個の巨大な幻の〈ハウス〉の集合としてマンハッタンを永続的に規定する。それぞれの〈ハウス〉には、設備、プログラム、施設、インフラストラクチャー、機械、そして未曾有の独創性と複雑さを備えた数々のテクノロジーが満載されていようとも、〈ヴィレッジ〉という原初の基本形は決して脅かされることはない。」[注13]レム・コールハースは各ブロックのエンベロップを幻の〈ハウス〉という言葉で表現している。

幅員約60mというブロックの寸法は、中央にエレベーターシャフトや階段、設備などを設けるコアシステムの平面形式に都合よく対応している。1931年に竣工するエンパイヤー・ステート・ビルディングの平面を見ると、下層階では巨大なコアの周囲に28フィート（約8.5m）の奥行きをもつオフィス・スペースがある。上階に行くとゾーニング法の斜線でフロアーの面積は減じられるが、エレベーターの数も減少しコアが小さくなる。初期設定された〈マンハッタン・グリッド〉とシカゴで開発された〈オフィスビルというビルディング・タイプ〉と〈ゾーニング法〉が奇妙に化学反応し、オートマティカルに都市が再生産されるメカニズムが用意されているのだ。そこに現在のニューヨークの都市風景が決定されていた（図4-6）。

20世紀の究極の都市とは資本主義という見えないシステムが空間化されたものなのだ。有名なヒュー・フェリスのレンダリングでは、このエンベロップの集合としての都市風景がまるでゴースト（亡霊）のように2，028個の光の塊として描かれているのだが、このゴーストが世界中の都市に出現し、20世紀末の世界の都市風景はレム・コールハースが指摘するようにどこでも同じ風景になってしまった。20世紀の都市はニューヨークによって規定されているのだ。それは資本主義の都市（City of Capitalism）なのである（図4-7）。

1916年に、このゾーニング法が制定されているが、ヨーロッパでの第1次世界大戦が行われている最中に制定されているのが興味深い。1914年に勃発した第1次世界大戦はヨーロッパ全

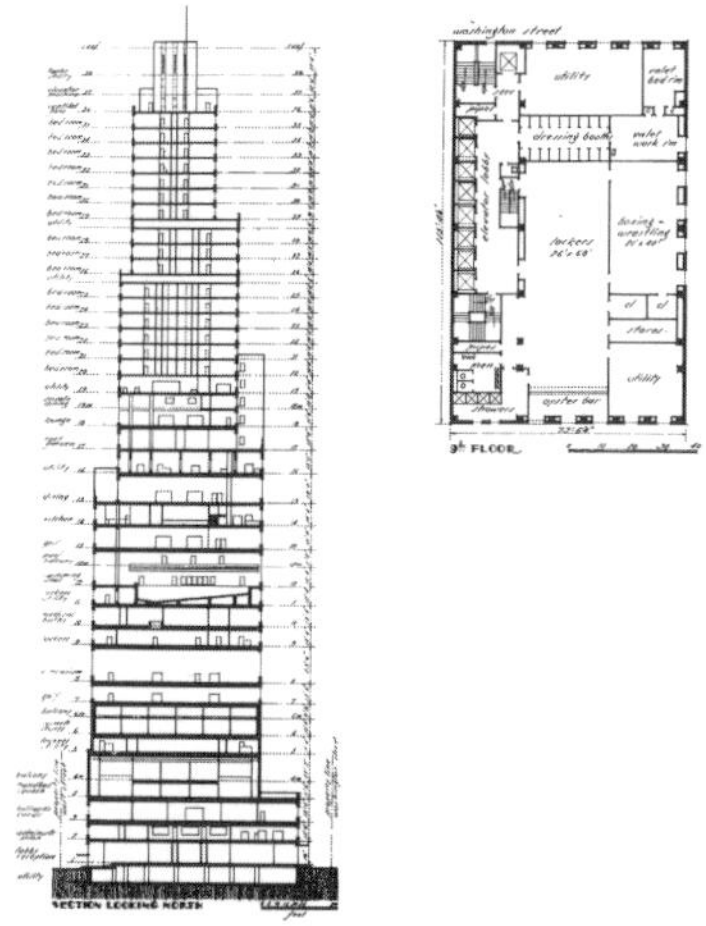

図 4-6　ダウンタウン・アスレチック・クラブ断面図

図 4-7　ヒュー・フェリスのレンダリング

土を戦場とし多くの都市が破壊された。アメリカはこの戦争に物資を供給したために戦時景気を迎える。アメリカの資本の重心がシカゴからニューヨークへ移動するのは、国内の経済中心からグローバルな経済対応が要請されたからである。そしてヨーロッパの戦後復興によりニューヨークは未曾有の好景気に沸いた。20世紀初頭、第1次世界大戦が始まり、そして、このゾーニング法が制定されてから1929年の世界大恐慌後の数年を含む30年ほどの間にニューヨークの都市風景はつくられている。オースマンによるパリ改造は1853年から1871年の18年間で行われているが、現代の都市は人間の生命スパン（または生活スパン）の中に収まるくらいの時間でつくられるのだ。

資本主義がつくる都市

1925年に、オースマンのつくったパリの中央部を壊して高層ビルに置き換えるという「ヴォワザン計画」を提案したル・コルビュジエは1930年代半ばに初めてニューヨークを訪れる。そこで、1925年にパリで提案したアイデアと類似した「輝く都市」という提案を行う。しかし、すでに高層ビルが林立していたニューヨークでは、その都市に対する思考の方法が倒立しているように思える。

ル・コルビュジエはふたつの写真を並列させる。野生のジャングルと高層ビルで埋め尽くされた都市空間の写真だ。経済活動のために徹底的に合目的的につくられた人工環境に対しては、手つかずのジャングルという対立項を示し、そのふたつを弁証法的に合一しようとしているように見える。自然環境から人工環境を切り出すのが建築という行為であるとするならば、ここでは、ル・コルビュジエは自然環境という人工環境を創造しようとしているように思える。「ヴォワザン計画」では、パリを破壊するのであるが、その跡地を公園のような場としてそこに高層建築を置いている。それは自然環境と人工環境が同時に共存する幸せなユートピアを志向しているように見えるのだが、「輝く都市」では相反するものの衝突で生まれる、止揚された都市のようである。パリで提案した「ヴォワザン計画」ではオースマンのつくったコンテクストを乗り越えようとしていたのだが、ニューヨークでは建築の在り方を止揚する哲学にまで昇華しているように思える。それだけル・コルビュジエは、経済活動のために、空間を貪るようにしてつくられたニューヨークという都市のあり方に衝撃を受けたのではないか、と思う（図4-8）。

レム・コールハースは『錯乱のニューヨーク』で、いくつかのエピソードを示しながらマンハッタンがそれぞれ冠をかぶった摩天楼で埋め尽くされる過程を紹介している。そこでは資本主義が属性としてもつ無限増殖のオートマティズムによって、資本の都合の良いようにボリュームが操作さ

図 4-8 ル・コルビュジエ「輝く都市」の模型写真

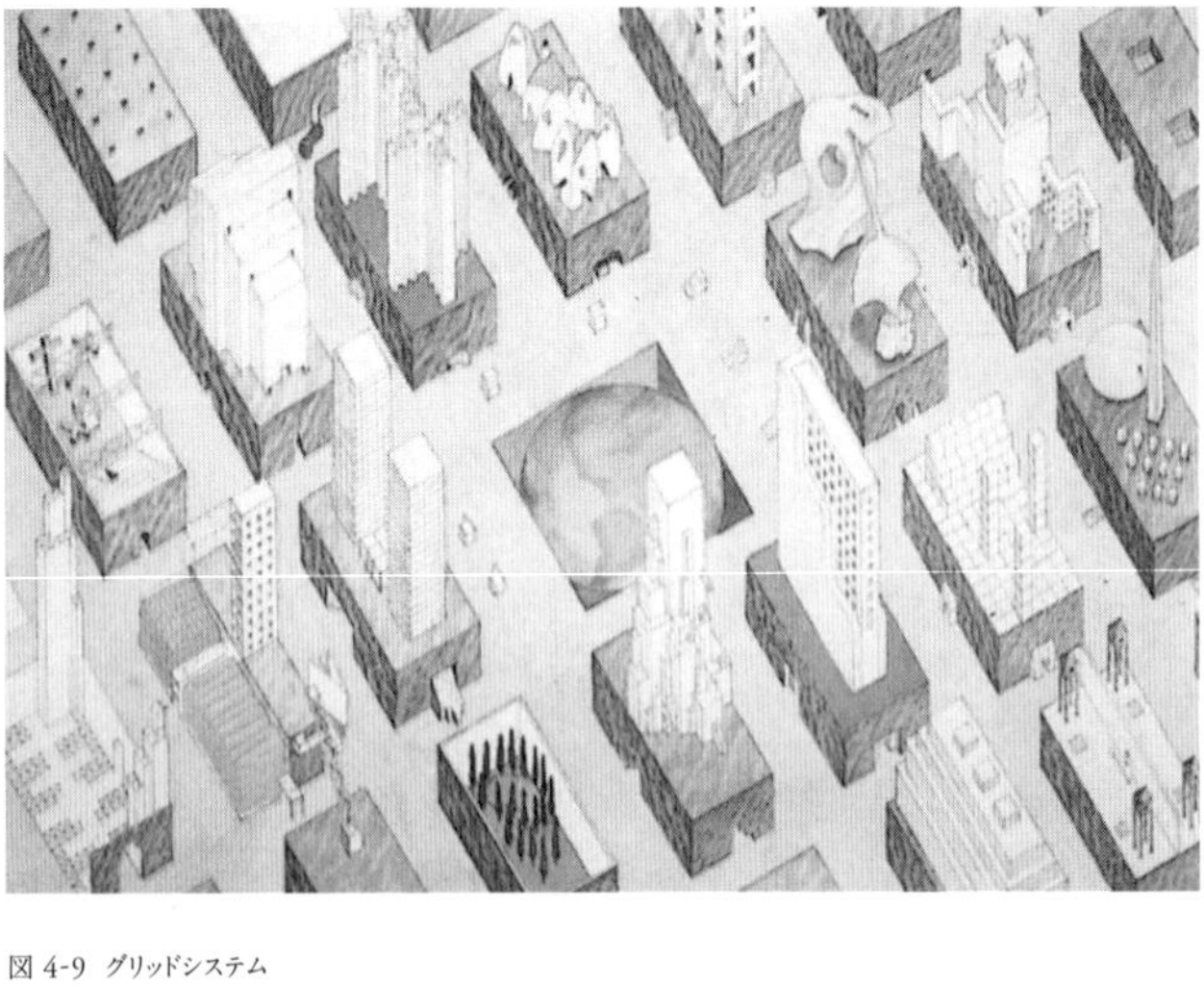

図 4-9 グリッドシステム

れる様が描かれる。ニューヨークは街区ごとに巨大建物が構想できるゲーム盤のようなグリッドシステムが存在し、経済の最大効率を求める物質運動が行われる。それはあたかも都市は資本主義というゲーム盤の上でつくられるようである。そしてそこには人間の存在は記述されない。この都市の主人公は、資本主義という透明なシステムである。そして、世界の都市はこのマンハッタン・モデルを踏襲してきた（図4-9）。

ニューヨークという都市は、マンハッタン・グリッドによって平面を制限され、ゾーニング法によってその立体を制限されるのだが、このルールの中で最大限の効率を求めるゲームのように建築はつくられた。この建築は資本のオートマティズムの中にあるのだ。ニューヨークという都市のエージェントは、資本主義という社会システムである。

「近代の吸収」とそれ以降

2014年の第14回ヴェネチア・ビエンナーレ国際建築展では総合ディレクターのレム・コールハースによって「近代の吸収――1914年〜2014年」というテーマが与えられ、参加各国にそのリサーチが要請された。ここで使われる「近代」とはモダニズムという建築・都市の概念を中心にイメージされているのだが、実際、私たちが学ぶ現代建築は20世紀初頭、正確に言えば第1次世界大戦後のヨーロッパに生まれた成熟した市民社会に支持されて登場したものである。背景にヨーロッパで生まれたこのモダニズムという建築・都市概念がどのように世界で受容されたのかという、ヨーロッパを中心とする史観（ユーロセントリズム）の態度がうかがえる。

ビエンナーレ会場にあるジェームス・スターリング設計のブック・パビリオンではこのテーマコンセプトがプレゼンテーションされていた。１００年前のイスタンブール、上海、バーレーンなどの都市風景と、同じ都市の現代の写真が並ぶ。１００年前の写真からはその土地の気候風土と対応した固有の建築文化をうかがわせるのだが、現代の写真はいずれの都市も同じようなガラスのカーテンウォールのビルの写真が並べられていた。世界の都市はこの１００年間で固有性を失い均質化されたというプレゼンテーションである。

このレムの観察とは別に、20世紀末には、ニューヨークで開発されたフリースタンディング・オブジェとしての建築がさらに進行し、資本権力を象徴するシンボルとしてアイコンであることを強調する建築が出現する。床を無限に増殖させるという内的要求からではなく、外的機能であるオブジェとしてのアイコン表象が求められるのだ。それは、歴史的には独裁者が要求したアイコン建築と同じである。内的機能には無関心なので、そこではラッピングする表層の素材やファサード・デザインに注意が向けられる。

21世紀初頭にはこのアイコン建築をコレクションするような都市が生まれている。オイルマネーという集中した単一の資本権力がつくるドバイのような金融マーケットに対応する都市や、中国共産党という国家権力が集中する中で国家戦略として都市開発を行っているものである。そこでは民主的な手続きではなく、集中した強大な権力が権力自体を表象するという目的によって都市がつくられているように思える。外形としては資本主義がつくるニューヨークの都市風景に近似しているように見えるのであるが、アイコンのコレクターである単一の権力がつくる都市である。それは、19世紀のパリと類似した都市形成なのかもしれない。この都市は19世紀都市と同様、人間の脳の中につくられるイメージを超えることはできない。

●5――そして東京

ボイドを含む庭園都市

江戸末期に愛宕山から撮った英国人F・ベアトの有名なパノラマ写真がある。それを見ると江戸の町は同じ瓦屋根の平屋ないし2階建ての家屋が建ち並び、モノクロ写真なのでグリーンの色では

図 5-1　ベアトの写真（江戸末期の東京）

ないが、家屋の間に沢山の樹木が覗ける。庭や隙間をもって建ち並ぶ家屋の間に大きな樹木が植えられた庭園都市のような趣があったようである（図5-1）。

陣内秀信の『東京の空間人類学』では、まず地形から東京という都市の読み取りが始まる。そして、東京の都市構造が江戸時代から連続するものであり、都市形成の原理が起伏に富んだ原地形との柔軟な対応にあったことを指摘している。江戸の町は自然地形を抱き込む広大な庭園をもつ大名屋敷の〈囲い地〉がモザイクのように数多く存在していた。社会制度の変遷の中で、東京がパリのような大改造を行わずに済んだのは、この広大な〈囲い地〉が都市機能の変化を受け止めて、都市構造そのものは大きくは変えられなかったという都市更新の読み解きが示される。

この都市のキーワードを〈敷地〉として、町人の〈店を構える〉意識と、武士の〈屋敷を構える〉という空間の構成原理を紹介している。「下町の町人は、繁華な街路に堂々とした店構えをもつことを志向した。特に江戸では、敷地の奥の私的居住部分は質素でも、街路に面した表の店は耐火機能をもたせるだけでなく威厳を表すために、蔵造り、塗家造りの立派なものにした。（中略）それに対し、生産や流通などの都市活動に参加しない武士階級は、土地や自然との結びつきをもった独立性の高い閑静な〈屋敷を構える〉ことを志向した。こうしてヨーロッパなら田園の中の別荘建築か、あるいは近代の郊外住宅地にしか登場しないような庭付きの独立住宅が、日本の都市の中心部にも広範に形成されたのである。江戸が大きな田園都市であったといわれるゆえんもそこにある。」注14と江戸の空間構成が描かれている。ベアトの写真にみるように江戸の街は空地の多い庭園都市であった。この『東京の空間人類学』では多様な場所のエピソードの集まりとして東京が描かれる。

東京という都市はいくつかの切断面をもちながら生成変化をしている。1923年の関東大震災で都市中心部の過半が破壊され焼失し再生している。そして、その22年後の1945年の第2次世界大戦時の空襲によって、さらに広域な東京全域が破壊され焼失しそして再生している。そして1950年代半ばから始まる高度経済成長期ではスクラップ・アンド・ビルドによる長期間にわたる緩慢な都市破壊が行われた。この100年ほどの間に東京は大きな破壊が3度ほど行

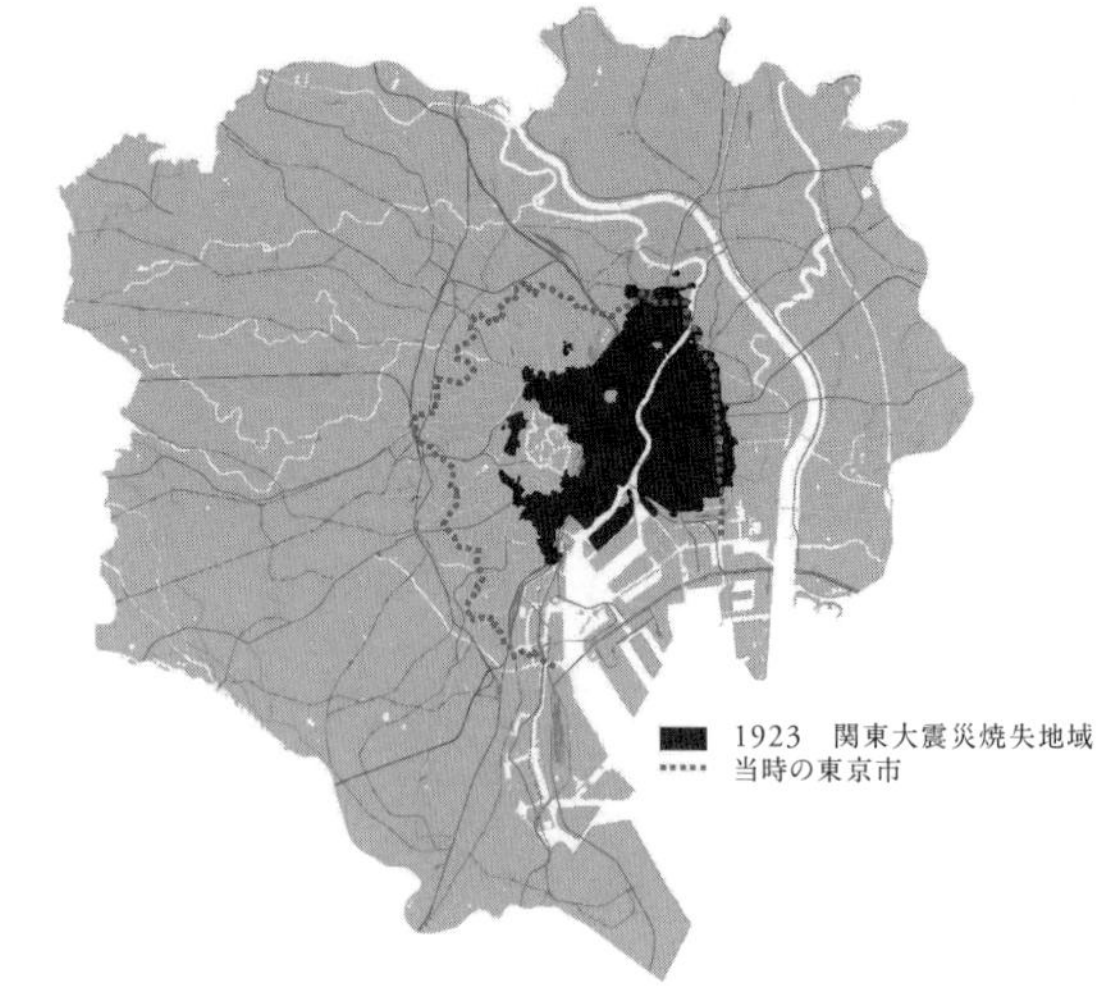

図 5-2　関東大震災焼失地域

われ、そしてその度に十数年で再生している。東京は自律する建物のグレイン（粒）が集合してできているので、破壊されても個別に再生できるスタビリティの高い都市なのだ。建物のグレインの間にある空地や隙間、そして〈囲い地〉としての大きなボイドの存在がスムーズな再生を可能にしている。そして、現在も漸次的に絶え間ない変化を受け止めている。

1923年の関東大震災

関東大震災では、焼失面積は東京市全面積7，940 haのうち3，835 haと、ほぼ市域の2分の1にも達しており、東京の中心部はほとんど焼失している（図5-2）。当時、内務大臣であった後藤新平を中心に帝都復興院が設けられ、復興の方針を定め東京を旧状のまま再建するのではなく、この災害を契機に大規模な都市改造が検討されていた。「遷都ではなく、巨額の資金の用意と、欧米最新の都市計画を採用して新都の造営を行う。そのために地主の権利を制限する。」という方針を定めている。前述した19世紀後半のナポレオン3世時代にオースマンが計画したパリ改造のような、超過収用手法も検討されていたようである。しかし、政争の中で大幅に計画規模が縮減され、焼失区域を超えた都市改造は認められず、計画はほぼ焼失区域だけに限定され、しかも区画整理事業を中心とするものになる。都市を組成する住宅は、同潤会アパートなどのパイロット・プロジェクトは試みられたがほとんどは手つかずとなった。

市街地周辺の農地などの緑地帯に、インフラ整備がされないまま焼失地区からの移転者の仮設的住宅が建てられたり、または都市整備の遅れていた山の手の住宅地に不良住宅が建てられたりした。また、焼失地区内は、都市骨格となるいくつかの幹線道路と学校や公園を整備したほかは、都市組成となる住宅は自力での再生に任された。そのため消失跡地の復興は、仮設的バラック建築が容認され区画整理後もそのまま合法化した。この復興住宅の対応が、現在の東京の中に木造密集市街地が円環状に現れる端緒となっているのである。この経緯を知ることで、現在の東京に円環状に現れる木造密集市街地は、焼失しなかった山の手地区の木造密集市街地と、焼失地区の下町の木造密集市街地では異なる出自で生成されていることがわかる。

１９４５年の東京大空襲

第２次世界大戦の東京大空襲による焼失区域は、焼失面積約１６，２３０ha、焼失家屋約７５．９万戸となっている（図５-３）。関東大震災による焼失区域を越えて、ほぼ東京全域に及んでいる。敗戦直後は、復興政策のために区部への人口流入を抑制する措置をしていたが、２７８万人であった区部の人口は３年後には３８２万人になっている。この増加した１００万人ほどの住居のほとんどは仮設的バラック住宅で、焼失地跡や、中には都市計画公園、疎開地跡などを不法占拠して建てられたようである。そして、現在の東京の都市構造に決定的な影響を与えているのは、都市の周縁に円環状に設けられていた緑地と空地が、仮設的バラック住宅で不法占拠され、それが払い下げられて私有地化したことである。

この円環状の緑地と空地は、１９３９年に「東京緑地計画」という都市内の公園、緑地の都市計画が制定され、その中の「環状緑地帯」とする都市膨張を抑える環状のグリーンベルトである（図５-４）。それは戦時体制が進行する中で１９４３年には防空空地および防空緑地、それをつなぐ疎開地などとされ、東京の都市周縁には環状の広大な緑地と空地が設けられていた。その防空緑地は７４６haの広大なもので、これらの公有緑地のほとんどが敗戦後、仮設的バラック住宅で不法占拠され、それが払い下げられて私有地化するのである。この公有地から私有地への移転の背景には、

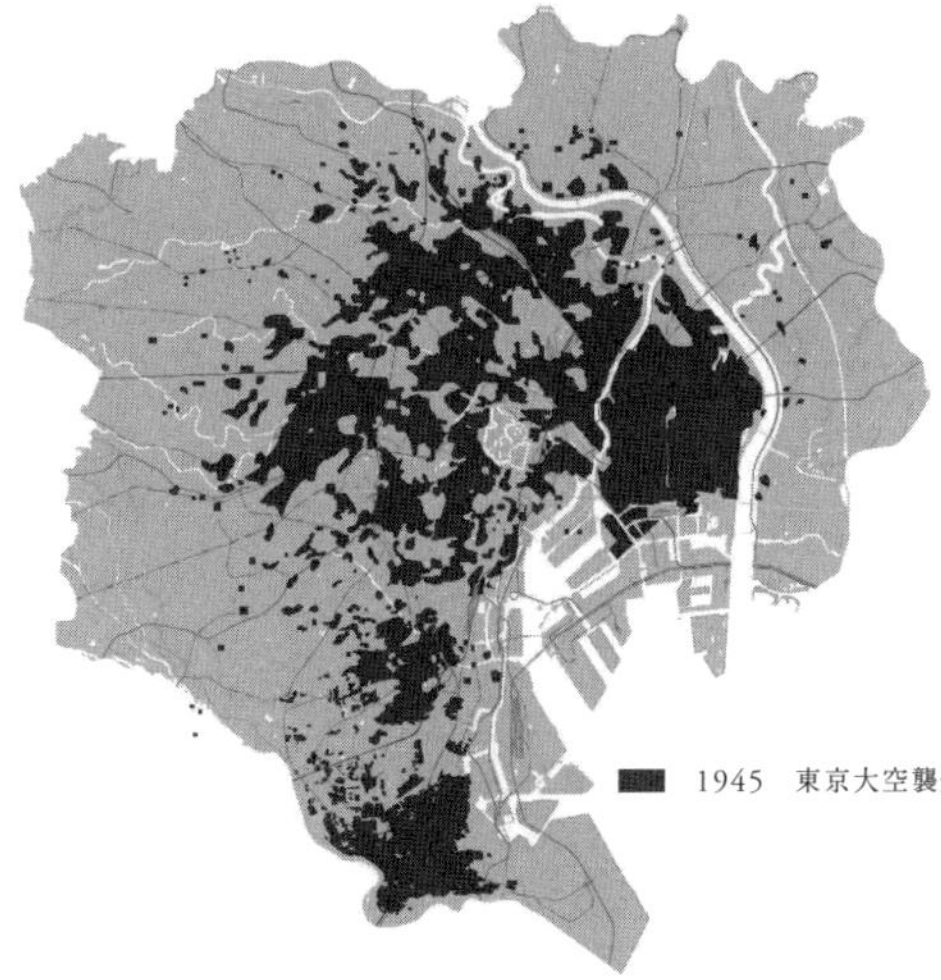

図 5-3　東京大空襲焼失地域

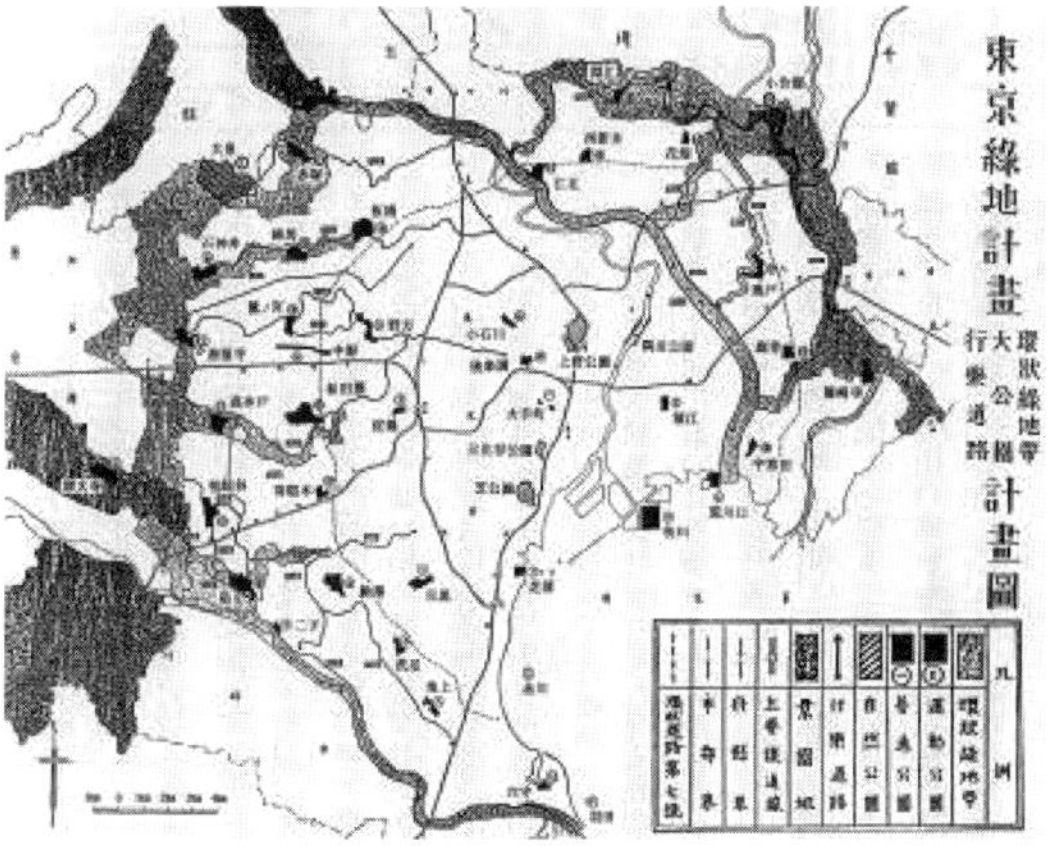

図 5-4　東京緑地計画の地図

アメリカ占領軍が施行した反共政策のための大地主の解体と小作農地解放という政治的企図がある。そのため都市計画上の未接道宅地という、ある意味で違法の土地形態が、法務的には合法的に土地所有できるという矛盾するダブル・スタンダードの土地制度が生まれ、現在でも木造密集市街地の大きな問題となっている。

関東大震災の時は災害を契機に新しい都市を構想しようとする動きもあったが、政争の中で都市改造の機会を逸している。第2次世界大戦の戦災による復興計画は、敗戦後4カ月半で戦災地復興計画基本方針が閣議決定されており、その内容は驚くほど民主的な姿勢が示されている。たとえば、生活の質を守る居住権の概念が示されていたり、道路も歩く人のための幅員の広い歩道の整備などが謳われている。しかし、国が敗戦し占領されている中なので統治能力はなく、復興資金もなかった。ここでも計画的な都市に改造することはできていない。

関東大震災のときは同潤会アパートのような都市組織の在り方を指し示すアイデアはあったのだが、戸建ての仮設的バラック住宅が建ち並ぶ復興が追認され、小さく所有される家屋で埋め尽くされる。そして第2次世界大戦の戦災では、防火帯建築という街区型建築によって都市を誘導しようとした横浜市の試みもあるが、復興住宅のほとんどは戸建ての仮設的バラック住宅であり、それで街は埋め尽くされてしまう。

進駐軍ハウスというプレゼンテーション

戦後の復興期は、圧倒的な住宅不足であったと同時に、極端な資材不足であった。そのため、1947年には1戸の住宅の規模は延床12坪以下に制限され、1948年に15坪までに制限が緩和されている。この15坪という住宅規模に合わせた最小限住宅が当時の建築家のテーマとなっている。池辺陽は1950年に「立体最小限住宅」、増沢洵は1952年に「最小限住宅」という、機能をそぎ落としたミニマリズムの住宅を発表している。ル・コルビュジエの「カップマルタンの小屋」も1952年にできている。モダニズム建築ではCIAMで最小限住宅がテーマとされたように、余剰のものをそぎ落とした、最小限機能を支える住宅というのは本道でもあった（図5-5）（図5-6）。

浜口ミホは1949年に著した『日本住宅の封建制』（相模書房、1949）の中で、戦前の日本の住宅は家父長制による家族に対応するもので、現実の家族の生活に対応するよりは格式が重んじられるつくりとなっていたとし、立派な玄関や床の間付きの客間に重きが置かれ、台所や主婦の家事に対する配慮はさほど重要視されていなかったと指摘している。現代の社会学ではこの封建的な「家」概念は近代（明治政府）がねつ造したとされているが、そこでは住宅という社会の端末の空間が社会制度そのものを表示しているということが示されている。それはこの家族制度が近代国

図 5-5 増沢洵「最小限住居」の正面写真

図 5-6 ル・コルビュジエ「カップマルタンの小屋」

家の基礎単位とされているということであるが、この家族概念は戦後も踏襲される。住宅は面積が限られている中で格式のための空間は選択されないのであるが、核家族という家族形式を強化するために食寝分離という、食事をする空間と寝る空間を別にすることが求められる。公営住宅で食寝分離が可能な「51C型」という住戸プランが1951年に開発され、2DKという数字とアルファベットで示される居住形式が誕生する。

第2次世界大戦後のこの時期は世界各地で住宅が不足し、住宅は建築の重要な主題となっていた。戦勝国のアメリカ西海岸ではこの近代的生活をさらに拡張したケース・スタディ・ハウスがつくられている。それは圧倒的な資材を背景に民主的な家族生活を表現したユートピアとしての住宅である。イームズ邸は1949年に完成している。おそらく、このような世界の情報も日本に入っていたと思われるが、日本の生活に大きな影響を与えたのはデペンデントハウスと呼ばれた進駐軍住宅である。

この時代はアメリカという国家が、世界を文化的にも制覇しようとした時代である。欧州や日本に進駐したアメリカ軍の占領政策を見ていくと、食料を中心とした大量の物資と共に、誰もが幸せになる民主主義という社会のシステムまでももち込もうとしたように思われる。日本の敗戦後、アメリカ軍は13,000人という大量の家族を伴って進駐しているのだが、その豊かな近代的家族生活の様態は民主主義のプレゼンテーションとしての重要な意味が与えられていたのではないかと思われる。この内容に関しては『占領軍住宅の記録』[注15]に詳しいが、その中で、この米軍の占領軍住宅の設計責任者が「この規格の住宅はアメリカ式の住宅ではない」とし、つくられる建築は通常の洋式の居住設備は備えているものの、単にアメリカ人のための住宅ではなく「同時に日本人にとっては新住居・新生活様式の先駆と見做され得るものである」[注16]と述べている。

デペンデントハウスは民主的な近代家族の生活様態に対応するものであり、それは居間、食事、寝室の3つのゾーンを明確に分離した平面プランであった。そして、その住宅設備は物質的な豊かさに満たされている。セントラルヒーティングの設備が標準的に備えられ、キッチンには大型冷蔵庫、電気レンジ、電気温水器、洗濯機、パーコレーター、ミキサー、ワッフル焼き器、ディナーセットなどの食器、鍋パン類、チーズおろし、肉挽き器等々、モダンな生活を行う道具が標準的に備えられていた。この進駐軍ハウスの建設によって、ソファーからグレープフルーツ用ナイフに至るまでの約95万点にのぼる家具、什器、電気機器が住宅関連産業に発注された。このような生活関連製品をつくる技術が日本の産業界に移植され、軍需産業からの民生産業への移転が図られ、住宅関連産業や家電産業の飛躍的発展の契機となっている。日本の生活スタイルの変換はモノから始まる。それまで見たこともなかった生活様式に関わるモノが身近に置かれることとなり、直接的にアメリカの生活様式が伝達されたのである。

図 5-7　駐留米軍家族用住宅団地

さらに、日本各地に「駐留米軍家族用住宅団地」がつくられる。独立住宅が隣棟間隔を十分に空けてガーデンシティのように建てられる。そこには幼稚園、小学校、礼拝堂、劇場、クラブ（コミュニティセンター）、PX（スーパーマーケット）、診療所、管理事務所などの生活サポート施設や公共施設を備え、道路、上下水道などのインフラまでを設けた、テーマパークのようなコミュニティである。そして、フェンスに囲まれ隔離されたゲーテッド・コミュニティとしてつくられた。多くはフェンスの外に仮設的バラック住宅が建て込んだ密集市街地に接してつくられており、フェンスひとつで切断された異なる世界が併存していた。それは社会制度の違いでこれだけ異なる世界がつくられるということの証明でもあった。進駐軍によってもたらされたこの生活文化としてアメリカのフィフティーズの文化パッケージは、日本の経済復興に伴って、60年代になると日本人の生活様式の中に移入される。社会制度を教育する都市空間としてみれば、それはアマゾンのジャングルの中につくられたイエズス会の植民都市と同じ現れなのだ。この「駐留米軍家族用住宅団地」は遅れてきた植民地主義といえるのかもしれない（図5-7）。

更新する都市モデル

東京の街は壊されても自然治癒されるように再生されてきた。都市に対する大きな構想が無くても、自然現象のように小さな木造の家が立ち並ぶ風景が復元される。それは、都市の単位である住宅が明確なタイポロジーをもっており、日本社会にはこの木造住宅をつくるオープン・システムが内在しているからである。日本の木造家屋は「木割り」という構法システムでつくられているので、間取りさえ描けば個別の設計図がなくても仕様が決まっており、容易に建設することができた。これを社会的オープン・システムによって普通の都市組織をつくるメカニズムを提案していたN・J・ハブラーケンが、まさに「板図」（図5-8）という間取り図だけで家屋が建ち上がる、日本の大工

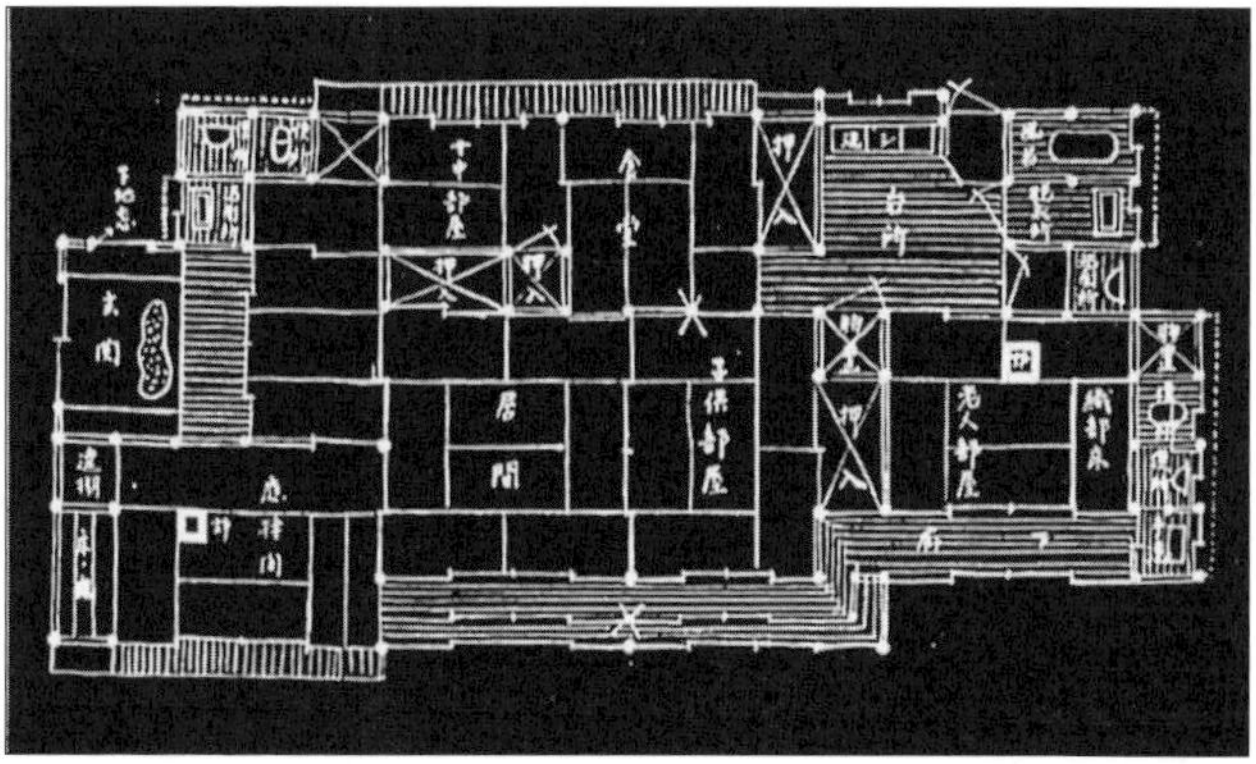

図 5-8「板図」

が使う社会的オープン・システムを紹介している。「木割り」という構法システムは、「間取り」という柱と柱の間を決めれば、構造システムの全体が決まるようにできているのだ。家屋の製品がすべて3尺×6尺の畳モデュールで統一してあり、異なる職種の職人も統合された全体の中で仕事をしていた。日本の住宅はこのスケルトン・インフィルを統合して建築空間をつくり、同時に資産区分もつくっていた。この社会的オープン・システムが存在することで、個々に自律した住宅がスムーズに立ち上がる。それでも同じシステムが下敷きとなっているので、統一した街並みができてしまう。日本の社会は災害が多いこともあって、容易に再生できるシステムを内在しているのかもしれない[注17]。

戦後の仮設的バラック住宅は生きるための最小限の住宅であったが、社会制度の変革と人びとの生活への意識の変化に対応してつくりかえられる。1950年代半ばからの高度経済成長期の中で小さな住宅は個別に自律的に生成変化していく。日本は第2次世界大戦によって多くの都市が空襲を受け廃墟となった。アメリカの占領政策では都市整備ではなく経済活動と工業生産による復興が優先され、日本の国のシステムは市場経済を自由にする資本主義社会に移行する。

アメリカ占領軍によって大地主の解体と土地の私有化が施行され、都市は細分化されて所有されるものとなる。「高度に自由な経済活動と完全な土地私有」という社会制度が導入され、日本中の都市は経済活動に効率よく適合する都市に急速につくりかえられる。都市の中心部にはオフィスビルが建設されＣＢＤ（業務中心地区）を形成する。経済活動を中心とする都市の中心部である都心は市場価値があり、投資効果のある施設が建設されることになる。その経済活動に効率よく対応できる都市に誘導するように制度が設けられ、制定される。都市が市場原理でつくられることを追認しているのだ。このようにして、日本の都市は高度経済成長期に、経済活動に対応する都市モデルにつくりかえられる。スプロールした都市周縁には小さな戸建て住宅が埋め尽くし、人びとは毎日、都心部と住宅地の往復運動を行うという日常生活が当たり前となる。シカゴから始まるこの資本主義世界システムをサポートする都市モデルが20世紀の現代都市類型であり、日本の都市も追随する。

60年代の日本は進駐軍によって移入された、アメリカの生活文化を追いかける設定は変えられない。人びとは小さな住宅の中に生活を便利にするモノを買い込み、資本主義社会が進行する。そして都市は経済活動に効率よく対応するシカゴ型の都市モデルが重ねられるのであるが、空地の多いスポンジのように柔軟な構造をもつ日本の都市は容易にこの新しいモデルに対応する。都市の中心部にはアメリカの地方都市に建てられるようなオフィスビルが建設され、郊外には都市の人口圧を受け止める収容所のような団地が開発され、あこがれの戸建て住宅として、アメリカ西海岸のケース・スタディ・ハウスのようなｎＬＤＫ住宅が建築専門誌で発表されている。このような都市を構成する建築物が都市の空地に挿入され、都市そのものも容易に変容する。この高度経済成長期に東京という都市の外形が形づくられている。この時代の都市のエージェントはアメリカ文化という借り物の民主主義と資本主義だったのかもしれない。

１９７０年代、豊かになった日本では、都市化の進行の中で小さな土地を所有した市民が、建築家たちに住宅の設計を依頼するという状況が生まれる。それははじめて建築家が都市に介入する契機を与えられた時なのかもしれない。都市に人口が集中し、新たに東京に移住する人びとが急激に増え、その住宅需要に対応するため土地の細分化が進行する。それまでは日本にあった標準的な敷地規模で建てられていた住宅は木割による在来木造という構法で建てられていたが、敷地が小さくなり庭をもつような構えがとれなくなる。道路に直接面する住宅は厳しい防火性能が要求され、こ

図 5-9　1970 年　大阪万博　お祭り広場

れまでの在来木造では解けない条件が生まれていた。そこで、RC壁式構造を使ったローコスト住宅などの実験的な建築が若手建築家によって提案され「都市住宅」という概念が生まれている。豊かになった社会の中で建築家に住宅の設計を依頼する市民層が登場した。この木造市街地では、世代交代とともに小さなリサイクルが絶えず行われ、26年ほどで家屋は建て替えられている。

偏在する多中心都市

その時代を生きた人にしかその時代感覚はわからないと思うが、1968年から1989年の21年間は、1853年から

1870年のパリや20世紀初頭から1933年のニューヨークに匹敵すると思われるほど、明確に人びとの記憶に残る出来事があり、東京が沸騰した期間である。日本は戦後、朝鮮戦争（1950－1953）、ベトナム戦争（1960－1975）という連続して近くで起きた戦争の兵站基地となる。このアメリカの国防費の刺激によって起きる高度経済成長期を迎え、とりあえず「国家としての外形」がつくられた。今から思うと、1970年の大阪万博とは、そのとりあえずの「外形」をつくることが終わり、次にどのような国にするのか、というビジョンを示そうとしていた時であったように思える。大阪万博はひとつの切断面だ（図5-9）。そこで、建築家に求められる役割が変更されていたように思える。「国家としての外形」を表現し、それを啓蒙的に人びとが体験できるものとしていた建築、その役割を担っていた建築家たちは、ある意味では国家のエージェントであった。が、その国家を表象していた丹下健三を代表する建築家巨匠たちの時代が終わる。

そして、この大阪万博の時から始まり1990年のバブル崩壊までの間は、日本という国家が、初めて経済的大国として世界の歴史に登場した時である。1980年代後半には、「日本の国民一人当たりの国民総生産はアメリカや西ヨーロッパをしのぎ、日本人は世界で最高に近い生活水準を享受していた。1951年の日本の国民総生産は、イギリスの3分の1にすぎず、アメリカのわずか20分の1だった。その後、30年の間にイギリスの2倍、そしてアメリカの半分近くに達したのである。（中略）経済学者は、21世紀初頭には、日本は経済的に世界のナンバー・ワンになると主張した。」[注18]と観測されている。東京都23区の土地でアメリカ全土が買える、港区にある八百屋を売り払えば、ニューヨークのビルが1棟買えると言われた。そして、実際、日本の企業がニューヨークの中心地にあるビルを何棟か所有した。東京には世界から著名建築家がプロジェクトをものにしようと多数訪れていた。

この期間の東京は、パリ、ニューヨークと同じく、一気に都市を更新できる可能性をもった時期だったのだと思う。世界では歴史上、富が集積した一時期に都市は形づくられている。しかしながら、東京は大きく都市構造を変えてはいない。それは、陣内秀信が読み解くように、大きな〈囲い地〉を内包する独特の都市構造にもよるのであるが、都市を更新する強大な権力が不在であったことも一因である。戦後の占領政策によって日本では強大な権力は解体されており、都市空間の所有は細分化され、都市空間の様態決定はすべて個別の土地所有者に委ねるという民主的な制度ができていた。都市空間の区分所有は民間だけでなく、所轄行政官庁によって都市の管理空間も切り刻まれ、統合した都市のビジョンを示すことのできる立場にある者はいなかった。権力を集中させるような国家システムは存在しておらず、責任の所在が不明となる官僚制による民主主義が支配していた。そこでは、都市空間そのもので国家を表現するという強権は行使されない。東京は19世紀のパ

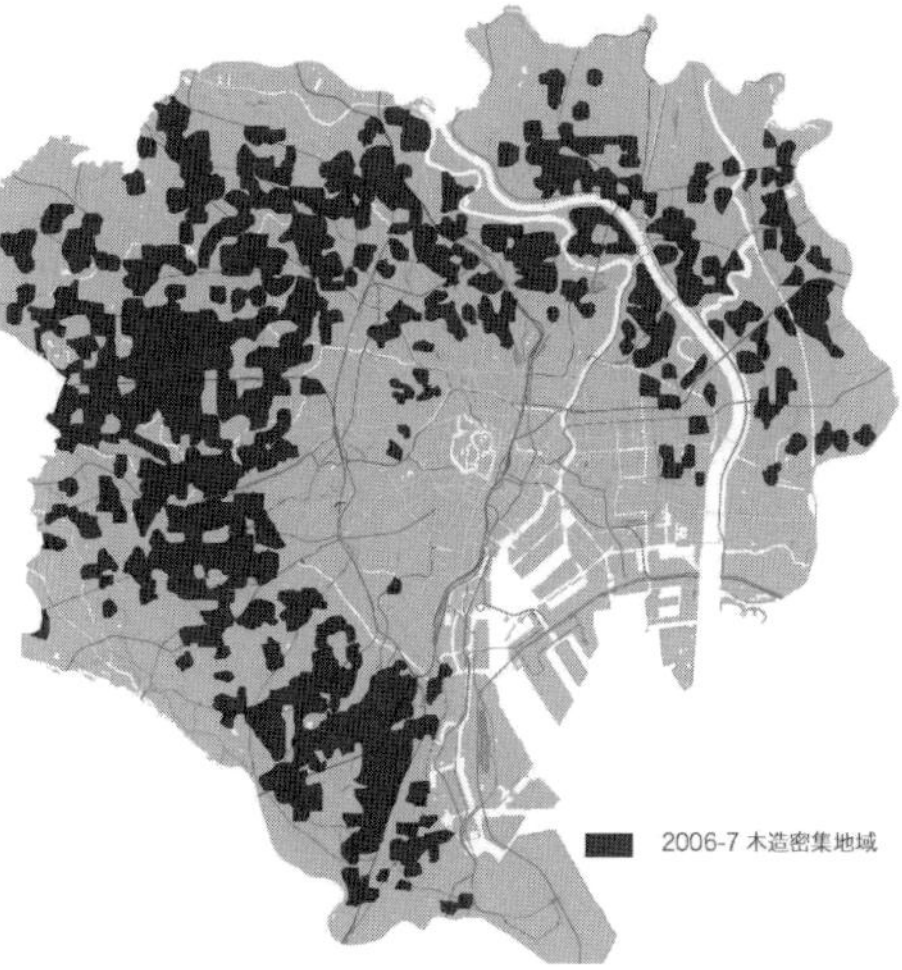

図 5-10　2006-07 年　木造密集地域

リにはならない制度設計ができていた。

さらに言えば、アメリカの都市行政と同じく、市場原理に都市を委ねようとしていたのかもしれない。しかしながら、そこには、ニューヨークのマンハッタン・グリッドという都市を誘導するような強い空間構造は無い。東京という都市には、複雑な地形と、地形に沿ってできた道路網、江戸の屋敷から続く大きな敷地のまとまり、関東大震災や東京大空襲でつくられた円環状の木造密集市街地など重層したコンテクストのレイヤーがある(図5-10)。都市がこの多層のレイヤーの上にあるために明快な空間構造は現れない。さらに、ニューヨークのゾーニング法に対応する、形態と誘導する明快なルールは存在しない。用途地域という土地の価値を定め

図 5-11　粒子状の都市・東京

る用途区分の線引きを行い、概念としては道路網という「網」と、都市施設の付置という「点」だけを担当し、あとはマーケット・メカニズムが都市を決定することにしている。具体的には、細分化された土地所有の中で、個別の事業者に開発を委ねる。最小限のルールの中での競争という資本主義に任せてしまうのだ。

東京は個別の開発に伴い、暫時的にシカゴ型の都市モデルが上書きされてきた。しかし、上書きされる前の濃密なコンテクストが存在するため、シカゴ型の都市モデルを純化したニューヨークとは異なる都市形成をみせる。このようにして、日本の都市はマーケット・メカニズムの中に投げ出され、単一の意思によって都市空間というモノをコントロールできる次元を超えていく。そのために、建築家という個人のイメージではもはや対応できないのだ。東京という都市には多様なエージェントが存在し、複雑で多様な都市空間へ向かう。

土地が細分化されて区分所有されているため、都心部であっても容易に大規模な再開発を行うことはできない。そこで、都心部にあった江戸時代からの屋敷跡が国有地や財閥の所有地となり大きな〈囲い地〉として、事業開発のタネ地となり、都心部の大規模な開発に充てられた。そのため、東京は同心円型都市でもなく、またロサンゼルスの外心都市でもない、地形的または不動産的開発適地が、随時開発されて複数のＣＢＤが生まれ、それは、偏在する多中心都市というような様相を示している。都市の大部分を占める木造市街地は細分化された土地所有のため大きく構造を変えることはない。なかでも、バラック住宅が定着して生まれた木造密集市街地は開発動機がないまま凍結されている。東京は木造市街地の海に点在する島状の開発地区という島嶼のような都市である（図５-11）。

この東京は構造が見えないために無秩序に見えるが、都市のシステムはスムーズである。自律する多数の小さなグレインの集合としてつくられているので、個々のグレインは自己都合で更新することができる。そして、都市はそのグレインのネットワークとして構成されており、市場に任された都市は全体として資本の最適値に向かう。この都市空間で行われている人びとのアクティビティを観察すると、ツリーではなくセミ・ラティスに対応する都市構造に見えるが、実は依然として資本に拘束された現代生活はそこにある。

21世紀の東京では、イデオロギーが終焉し権力が無力化した空間の中で、遍在する弱い力による新しい都市風景が生まれようとしている。世界の巨大都市のひとつである東京は、小さな土地に細分され、約180万という所有者に分割されている。それぞれの土地には建築規制がかけられているが、そのルールさえ守れば土地の所有者には自由に建物をつくる権利が与えられている。その小さく細分して所有されている土地のほとんどは生活を営む住宅なので、ライフサイクルに対応して建物は増改築が行われ変化する。だから、東京の建物の寿命は26年しかない。ヨーロッパの都市は人間の生命スパンを超えて存在するため、都市空間は実体として認識され、人には変化は感じられないのであるが、東京では数十年もすると風景を構成する建物はほとんどすべて変化してしまう。数十年の時間を経た東京は、同じ場所であってもそれは幻影のように実体が感じられない都市なのだ。

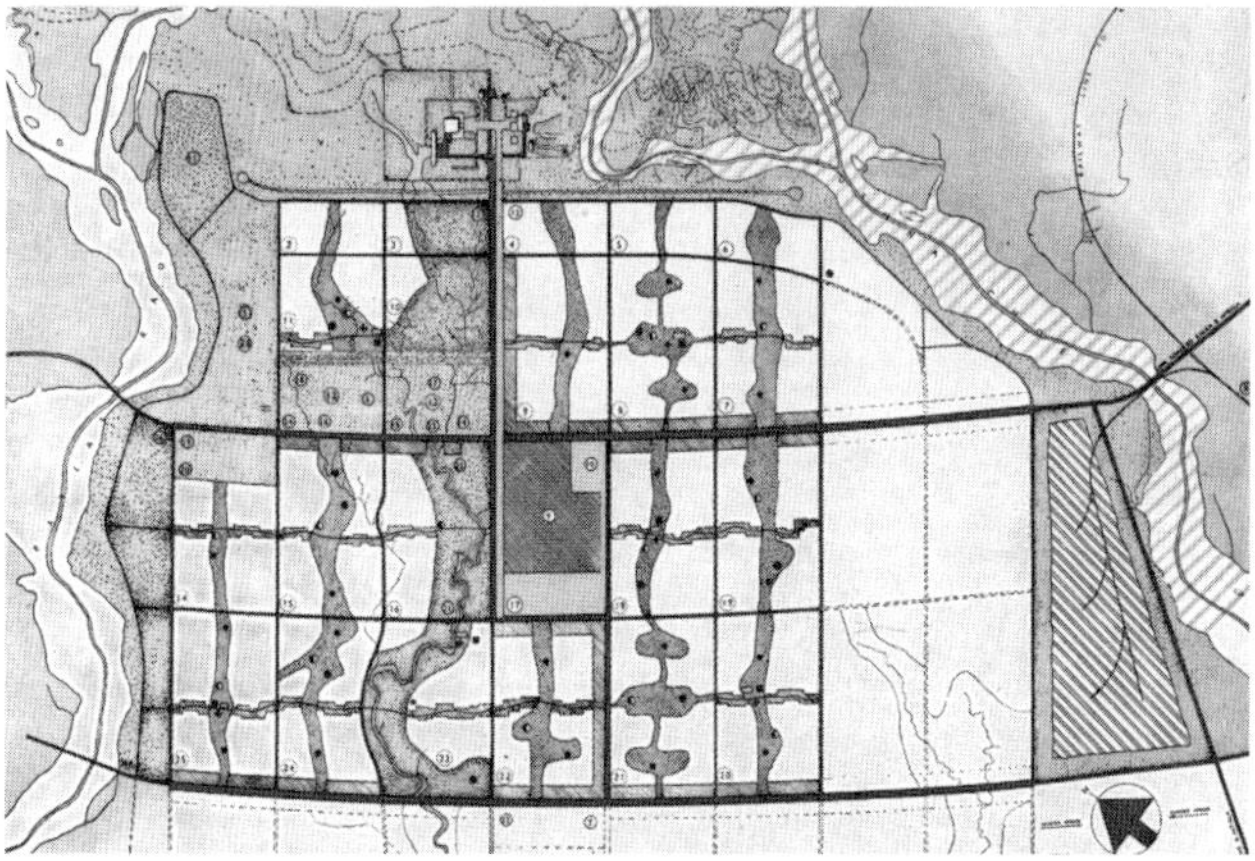

図 6-1　チャンディガールの都市計画図

●6― 近代の黄昏

ここで、現代の都市や建築状況につながる思想展開を概観してみる。建築思想は社会状況と連動しており、20世紀にはいくつかの大きな社会変動があり、その変節の時は切断のような状況があった。20世紀後半の社会思想と連携して、その中心を占めたモダニズム／ポスト・モダニズムという建築運動から、それを乗り越えていくかもしれないいくつかの症候群を取り上げてみる。21世紀には新しい建築都市の概念が登場するのかもしれない。

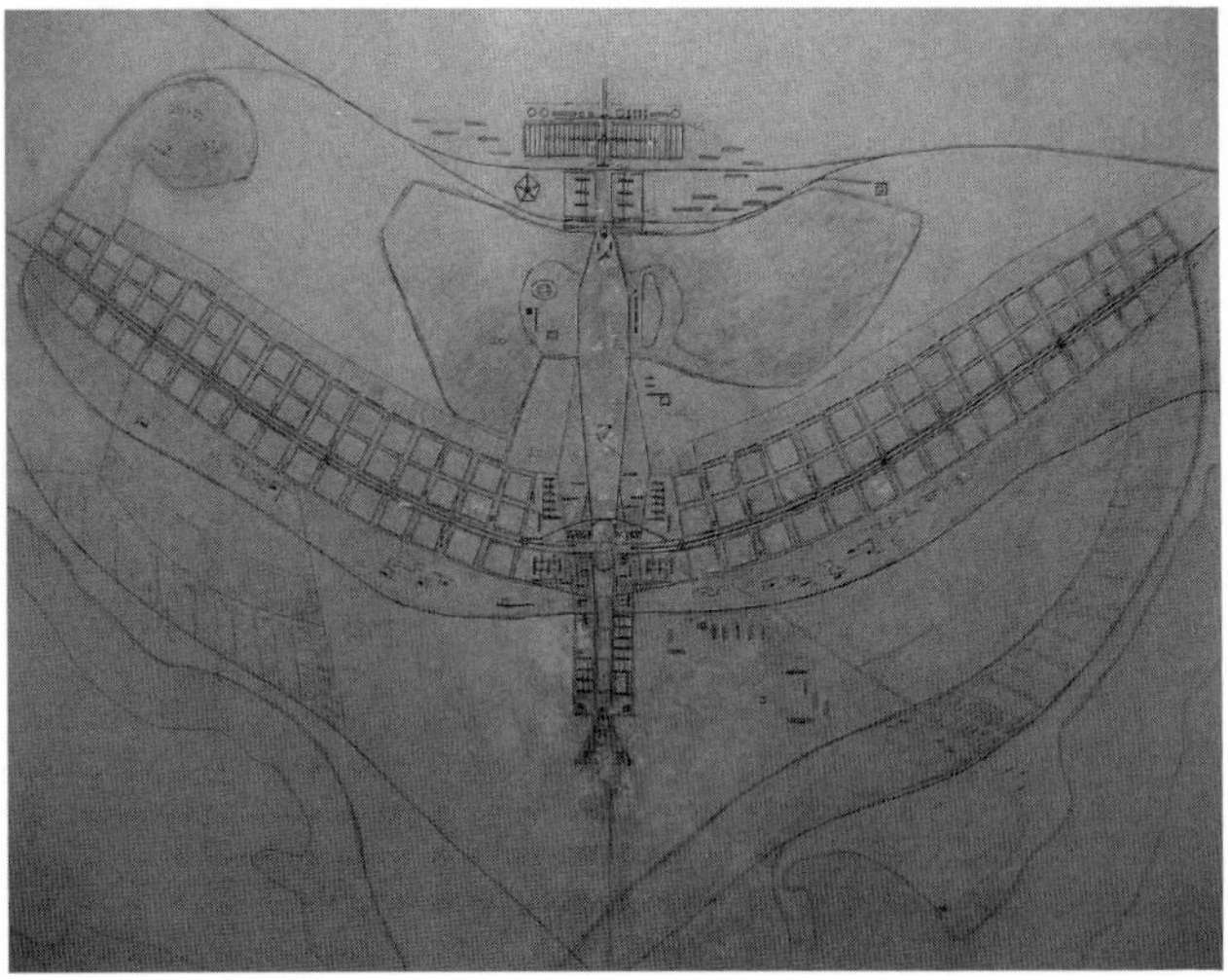

図 6-2　ブラジリアの都市計画図

提案された理念都市モデル

第2次世界大戦後、世界では急激な都市化が進行し、都市に対する人口圧が高まる。新都市計画はこの都市への人口圧を背景に構想される。ル・コルビュジエによるチャンディガールはインド北部の無人の大地の上に計画され、1952年から建設が始まる(図6-1)。速度によって区分された道路計画と都市行政の中枢となる建物だけが計画され、当初は住区は存在しない。ルシオ・コスタとオスカー・ニーマイヤーによるブラジリアはアマゾンのジャングルの中に計画され、1956年に建設が始まる（図6-2)。ここでも計画されるのは道路とシンボリックな都市行政の建物である。人び

図 6-3　丹下健三の「東京計画 1960」

とがどのように住むのかその提案はない。そして1960年に提案された丹下健三の「東京計画」は東京湾の海上に計画され、そこにあるのは、業務用の建物と居住用の建物をつなぐ高速道路だけのようである（図6-3）。この時代の建築家たちが提案した都市は、タブラ・ラサという白紙のうえに交通計画とシンボルの配置だけである。東京計画は、チャンディガールとブラジリアをさらに抽象化したもので、小さな住宅で埋め尽くされる東京にはほとんど手を付けず、都市の中心部だけを延伸させるようにハイウェイを接続し、東京湾上にツリーのように均等配置する。丹下自身もリアリティは考えない美しいファンタジーであったと思う。いずれもタブララサの上に機能

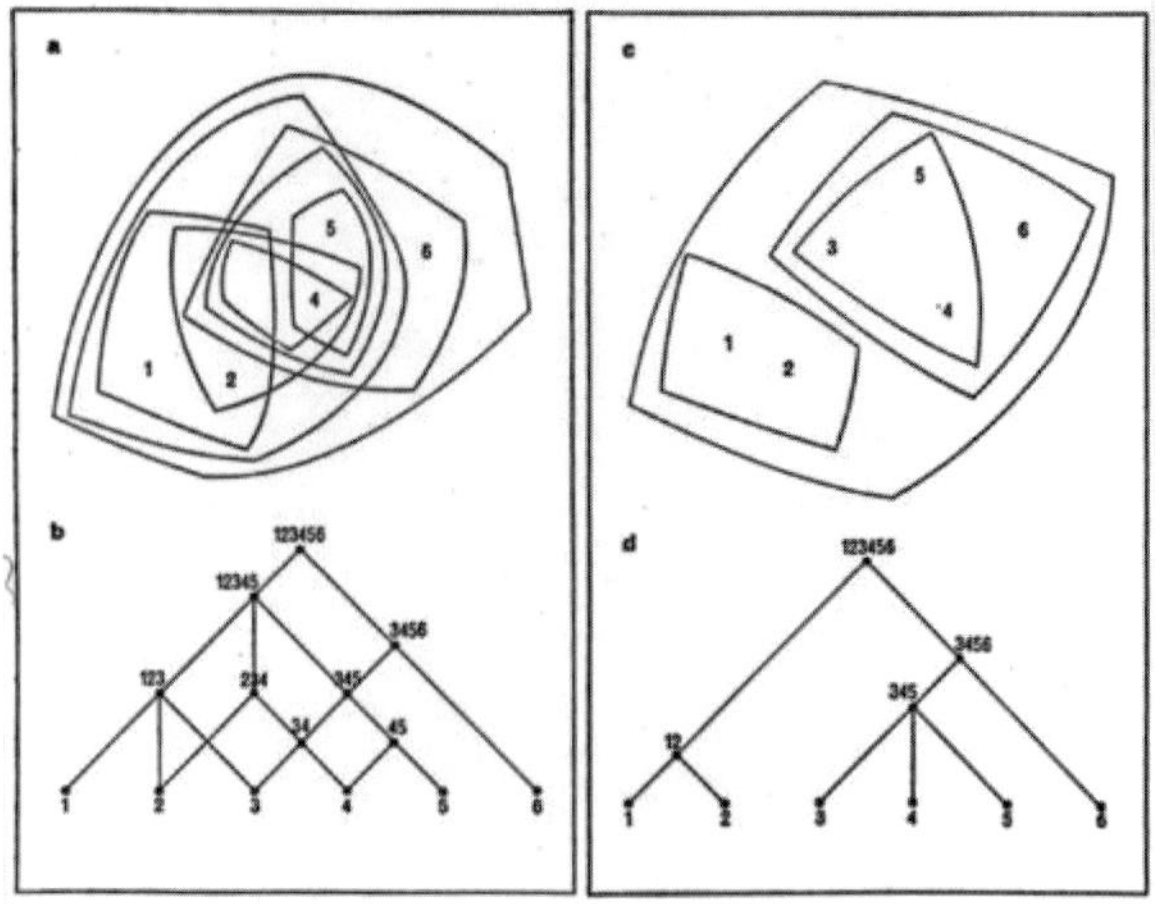

図 6-4　セミラティスツリー（C・アレグザンダー）

区分したゾーンを交通によってつなぐという、機能主義的都市理解に基づく理念モデルである。この時機に建築家たちによって提案されたユートピアとしての都市構造は機能の分配と交通という現実の経済活動に上書きされていく。

　東京計画が提出された翌年、1961年にJ・ジェイコブズは『アメリカ大都市の死と生』[注19]という本の中で、経済を中心とし市場原理でつくられる都市を批判している。さらに、1965年には、クリストファー・アレグザンダーの『都市はツリーではない』という論文によって、このモダニズムの建築家たちが提案する都市の不毛性が論証される（図6-4）。同時期、1966年にはR・ヴェンチューリの『建築の多様性と対立性』注20が出版され、近代主義のつくる建築および都市風景に対する批評が論じられている。

1968年という切断面

1968年、この年は時代を切断した年として記憶する必要がある。1960年代後半に、第2次世界大戦後の経済的支配だけではなく文化まで世界を覆い尽くす、アメリカがつくるレジームに対する抵抗感や嫌気が生まれ、それに対する抗議運動が世界で同時に表出する。1968年は、今から見ると建築だけではなく文化的意味においても、近代主義に対する異議申し立ての世界的な変節の時であった。異議申し立てというのは、それ以前を支配する体制に対して、新しいグループがそれを乗り越えようとする革命である。1968年5月、パリに始まる学生を中心とした革命運動は、都市の一部を占拠し解放区とする闘争戦略を取るのであるが、その運動はヨーロッパの各都市に展開していった。既存の体制に対する抗議運動なのだが、背景には強大になっていたアメリカという文化的帝国への抵抗があったと思われる。その自国のアメリカでも公民権運動として学生、マイノリティを中心とする、体制に対する抗議運動が行われる。面白いことに、社会制度の異なる中国でも同時期に体制側が仕掛けた「文化大革命」という、若年の紅衛兵を使った社会改革が行われていた。「革命」という言葉が当たり前のように感じる時代であった。社会システムを変革しようとする運動が世界で同時多発的に起こっていたのである。

この時代は多様な価値観が衝突した時代であった。それと連動して建築・都市の領域でも活発な思想活動が行われていた。ニューヨークではピーター・アイゼンマンとコーリン・ローによって設立されたIAUS（建築都市研究所）が活動しており、そこでアルド・ロッシやレム・コールハースがヨーロッパから招かれ、都市にかかわる論説を発表する機会を得ていた。アルビン・ボヤースキーが校長を務めるロンドンのAAスクールでは、連続するレクチャーやシンポジウム、そして展覧会が開催されていた。世界中から重要な建築家、建築理論家が招待され発言していた。活発な往来があって、AAスクールは飛行場のロビーのようだと言われていた。そして建築・都市にかかわるメディアが多数存在し、驚くほどの数の出版物が出されていた。磯崎新が『建築の解体』を書いた1968年から始まるこの時代は、建築文化の沸騰の時期である。そして『建築の解体』という書物がこの沸騰の海を航海する海図となっていた。

アメリカの主導する資本主義経済が進展し、都市はマーケット・メカニズムという無思想の領域に支配され、合理というモダニズムの原理が効率という概念に読み替えられ資本に利用されていく。そこでは、都市の構想に建築家が介入するのは困難となる。この時期、磯崎新は「都市からの撤退」を表明するが、そこには、個別の建築にこそ、そのモダニズムを乗り越える思想闘争の現場があるという観測があったのではないかと思う。この建築運動としてのモダニズムの乗り越えは、当時の社会運動と連動している。それは、ヨーロッパで行われた脱アメリカ化という運動であり、そのためヨーロッパではモダニズム発生の源泉に戻るような運動とともに、ヨーロッパ地域主義が生まれている。

アメリカでは資本に回収されていくモダニズムを自己解体するように、堅苦しいモダニズムという建築運動が合目的的という言葉に読み替えられ、経済活動に対応する退屈な建築を生産するようになる。それに対して、人間のつくる文化の多様性を尊重し、豊かな空間を生み出そうとするのであるが、それがアメリカにおけるモダニズムへの抵抗であった。しかし、アメリカでは、それさえものみこんだ建築の商業化が始まる。１９７０年代の後半は日本にはその双方から生まれたモダニズム乗り越えの概念が導入されていた。その中には、日本における独自のモダニズムの乗り越えの模索もされており多様な言説の時代に向かう。

建築とはこの社会が生み出している事物なので、社会の変化に対応する。この時代、世界を均質にカバーするようにみえた単一性に抵抗する運動が起こり、それに呼応する建築が登場するのであるが、それが世界で同時代的に提出されている。この建築的運動は後に、ケネス・フランプトンによって「クリティカル・リージョナリズム（批判的地域主義）」として総括されてしまうのであるが、この時代の日本の建築状況は、２０１４年の第14回ヴェネチア・ビエンナーレ国際建築展の日本館で詳しくレポートされている。コミッショナーを務めた太田佳代子はこの時代に焦点を当てることで、日本社会のヨーロッパ、そして戦後はアメリカを経由した「近代の吸収」と、それを乗り越えようとした建築的冒険を明らかにしようとしていた。

この地域主義的試みは、ポスト・モダニズムという世界の時代潮流の中に次第にのみ込まれていく。１９７８年にチャールズ・ジェンクスの『ポスト・モダニズムの建築言語』[注21]によってその概念が示されたが、１９８０年の第1回ヴェネチア・ビエンナーレ国際建築展では、ディレクターのパオロ・ポルトゲージが「過去の現前」というテーマを掲げ、時代を先に進めようとするモダニズムに抵抗する歴史主義を表明する。この「過去の現前」というビエンナーレの展示によって新しい時代に過去をもち込むモダン／ポストモダンの臨界面が視覚化されたのである。

1989年という切断面

「20世紀末において資本主義の支配は地球規模の広がりを見せているが、その政治的結果をめぐる議論は長い間進展しなかった。新自由主義的なグローバル化が経済的近代化のための必然的な道であると相も変わらず支配者の側から主張されている。政治的な制度や文化的な制度もその必然性に従わなくてはならず、全文明社会が必然的に、しかも最善を尽くして、この論理に沿って動かなくてはいけないというのである。」注22

1989年にベルリンの壁が崩壊した後、資本主義の暴走が始まる。この1989年も記憶すべき重要な年なのだ。ソビエト連邦が崩壊することで、世界には資本主義に対抗するイデオロギーは不在となる。この時から資本主義社会に対抗する社会理論は急激に衰退し、経済に直結する都市に対する批判的な思想表明を提出する者はいなくなる。そして、建築もこのような価値観の中でつくられる。そこでは、建築は表層的な美学だけで語られるようになっていった。ザハ・ハディドやフランク・ゲーリーのようなプロダクトデザインを拡大したような、アイコン建築がその潮流の中心に置かれる。建築の主題は資本権力を表象する不思議なオブジェの開発なのだ。アイコンであるためには周辺環境と切り離されていることが重要である。できるだけ周囲と不連続であることが、際立ったシンボル性を獲得できる。建築は環境と切り離され、宇宙から落ちてきたオブジェクトのような建築が求められる。

グレイン（粒）の集合のような都市構造をもつ東京はアイコン建築に容易に置き換えられていく。商業アクティビティの高い地区では活発にこの置き換えが進行し、表参道は国内外の著名建築家が競うようにアイコンビルを建ち並べて、まるでケーキ屋のショーケースのような街並みにしてしまう。ニューヨークのスカイスクレーパーを設計した建築家たちが、建築頂部のクラウンをハットのように頭に載せて並ぶ、有名なパーティの写真があるが、この表参道のケーキ屋に参加した建築家たちもそれと同様である。ここでは、建築とは資本の道具である。資本権力を表象する建築の主題は消費の欲動を生産すること、資本のスペクタクルの表現である。建築メディアも自らを消費されるために、アイコン建築を追いかけスペクタクル化していった。建築文化を衰弱させたのはこの社会である。都市は投機の対象となる。

１９９０年代は資本の独裁が進行する中で、政治ではなくまた文化の表象でもなく、建築は実利を求める経済活動との関係を強めていく。政治的には資本主義に対抗するイデオロギーは不在となり社会は平板化し新しい状況は生み出さない。コンピューターを用いる情報技術が急激に拡張し、情報の民主化が進行する。この時代に磯崎新とピーター・アイゼンマンが仕掛ける「ＡＮＹ会議」が１９９１年から10年間、毎年〈Ａｎｙ〉という接頭語をもつテーマ、（Anyone, Anywhere, Anyway,

Anyplace, Anywise, Anybody, Anyhow, Anytime, Anymore, Anything）で討議が行われ、その内容が出版され、雑誌が発行される。それは〈Ａｎｙ〉というタームが示唆しているように新しい特異点がどこにもないことを示しているようにも思える。さらに、１９９５年にはＭｏＭＡが企画した「ライト・コンストラクション」展などが仕掛けられるが、新しい潮流を起こすことはなかった。建築はモードであるとしても、消費される仕掛けられたモードにはもはやならない。１９８９年以降、建築から思想は消えてしまったように思えた。この時代に建築の重要な思想書は提出されていない。

マーケットとコモンの抗争

社会学者の上野千鶴子が「福祉多元社会」という概念を説明するのに、「官（public）」「民（market）」「協（common）」「私（private）」という4つのセクターでこの社会の在り様を示していた（図6-5）。パブリックとプライベートという概念は建築をつくる上で重要な原理であるが、パブリックを「官」＝国家であるとする。プライベートは〈私という個人であり家族〉であるとする。さらに、この〈国家〉と〈個人〉の対立項に重ねるように、もうひとつの対立項が描かれる。それは、〈マーケット＝経済原理〉と、〈コモン＝共同体または市民社会〉という対立項である。このダイアグラムを

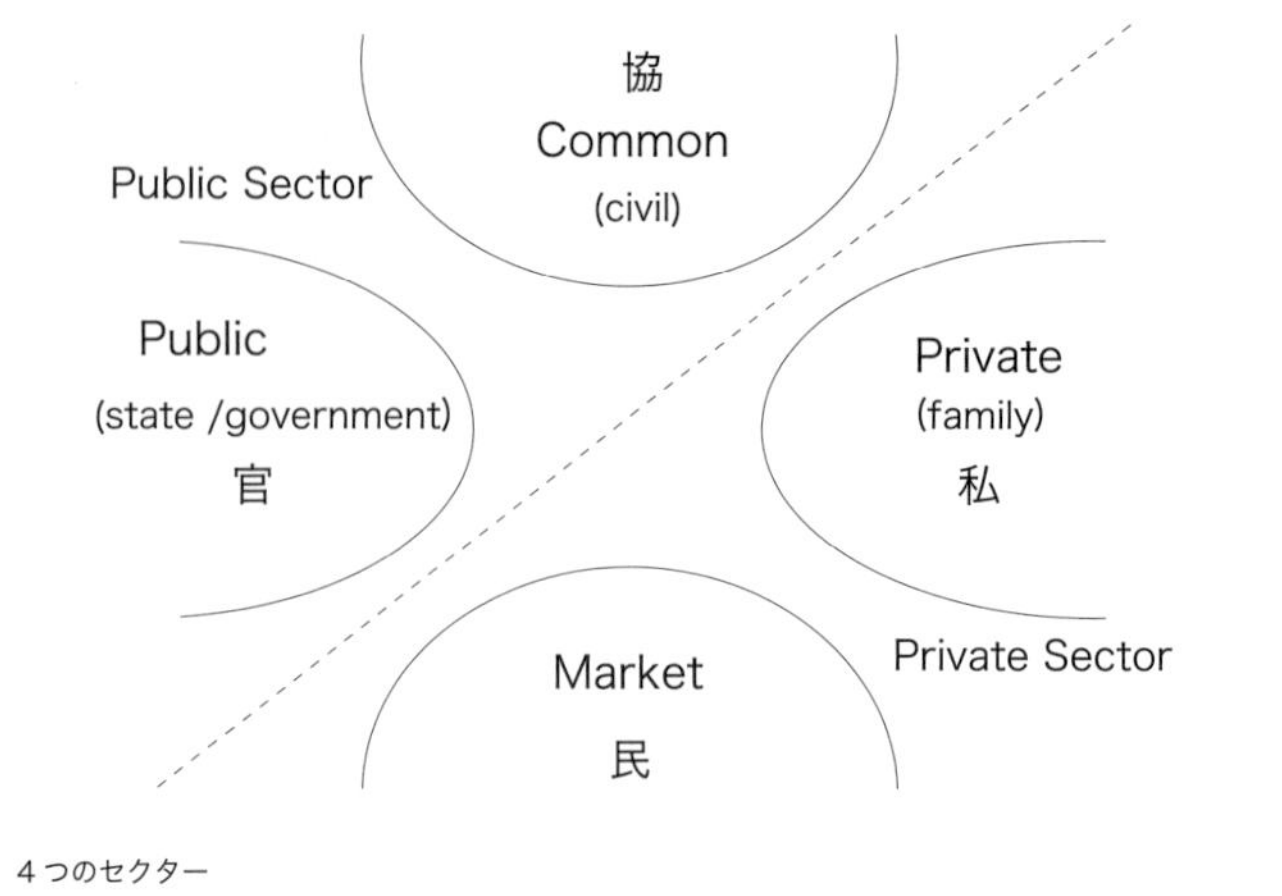

図6-5「Public-Private / Common-Market」ダイアグラム 上野千鶴子のダイアグラムを参考にして著者が作成

見ていて、21世紀初頭の社会状況を描けるのではないかと考えた。その後、〈マーケット〉に抵抗を示す〈コモン〉の存在を実感することになる。そこで、アントニオ・ネグリやマイケル・ハートの主張する、〈帝国〉と〈マルチチュード〉という対立項の構図が、〈マーケット〉と〈コモン〉の抗争にオーバーレイしていることが理解できる。世界は「私」という個人を中心とした包囲陣によって構成されているのだということに気づく。パブリック／プライベートという社会の構図は良好な市場経済を作動させるのに重要な役割をもっていたのであるが、それとは位相の異なるマーケット／コモンという社会の構図が存在する（図6-6）。

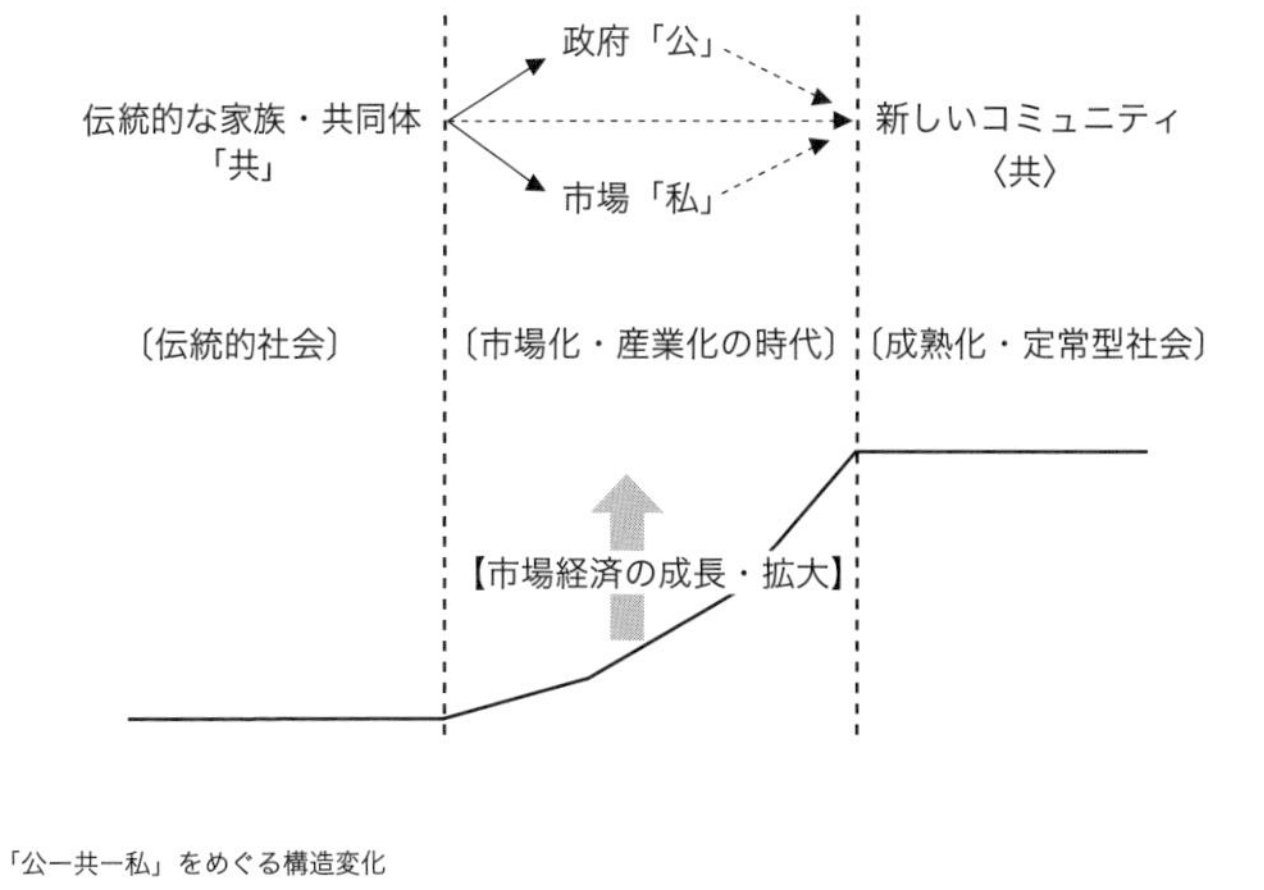

図6-6「公ー共ー私」ダイアグラム 広井良典のダイアグラムを参考にして著者が作成

２００８年、アメリカで起きた返済能力の低い人に貸し付ける住宅ローンが破綻し、それが引き起こす世界的規模での金融危機となった。サブプライムローンという民主化された資本システムは、誰も責任を取らないというアナーキーな世界をつくりあげていた。このような資本の民主化は、ドバイでは人が住むための集合住宅ではなく、世界から資本を呼び込むための投機物件として、最先端のアイコン建築が集められる。そこでは、建築は文明を表示するものでもなく、人びとの生活を支えるものでもない、単なる経済活動の道具でしかない。もはやこの世界は人間の手の届かない抽象的な空間が支配し、マーケットが支配する社会を制御することは不可能であるように思える。

そして、2011年東日本大震災で、人びとの生活の場を支えていた家が流されるのを見た。この2008年から2011年あたりから、日本の人口はピークを過ぎて漸減している。その中でも都市の人口は微増し、そのため地方では崩れ落ちるような急激な人口減少が始まっている。そこに都市と地方の関係が大きな問題として見えてくる。この人口変動は家族の構成を変化させており、家族という概念が変わっている。単身の世帯数は全体では3分の1ほどであり、都市部では2分の1に近づいている。住居とそれを使う住まい手の間に大きな乖離が生まれている。全国の住居のうち8軒に1軒は空き家であり、それはさらに増加している。そこでは、これまでの社会を支えていた共同する空間（コモン）が消えていくように思える。

この、2008年から2011年にかけて社会は覚醒したのではないかと思う。特に日本では東日本大震災という災害を経験し、福島では20世紀に私たちが信じた科学技術に対する不信感とともに文明の喪失感を経験した。そして、何よりもこの時から縮減する社会を実感する。社会の在り様が変化することを自覚したのだ。建築家自身にもその自らの職能に疑問をもち、新しい定義を与えようとする意識が生まれている。無償のボランティア活動を展開したアーキエイドという無名性の建築家たちの活動。「みんなの家＝Home for All」という新しい建築概念を展開した著名建築家たちの活動に時代の乗り越えを感じた。建築家とは本来的に社会に貢献することが職能であり、自らの生きる社会に何か贈り物を置くように仕事をしていたはずである。社会全体とは切り離された特定の権力だけに奉仕するために、アイコン性の高い建築を開発するという20世紀末の建築家たちは、その時代にしか存在しない特異な職能であったのではないか。ウィトルウィスの建築書に建築家の職能が記されているが、それは世界にあるさまざまな知を網羅して、実体としての社会を構築するエージェントのような工作人である。建築家とは信頼できる未来があるということを空間というメディアで標記する。そんな職能であった。日本の社会、そしてその建築家たちは先験的に新しい世界を開き始めているのではないかと思う。

では、建築はどこに向かうのか。

情報の民主化、経済の民主化、そして空間の民主化

都市はその大部分を匿名的な住居である都市組織と、都市の現れ方を決定する象徴的建築によって構成されている。歴史的に見るとこの象徴的建築は少数の権力をもつ者によって決定されてきた。その建築は宗教や政治という目には見えない権力を、あたかもそれが実在するように人びとに表示するメディアとして使われていた。そして現代では、都市を支配する資本権力がＣＢＤや商業

コアの建築を決定し、都市の現れ方に大きく影響を与えている。人びとはこの象徴的建築によって無意識の中で活動を制御され抑圧を受けているのだ。

民主化された情報社会では大きなモードは生まれにくくなり、コントロールのできない多様な変化の方向が現れる。そして、民主化した経済の中では建築はその経済活動の動向に容易に影響を受ける。このような社会では建築や都市そのものが資本の投機対象となる。20世紀末、東京ではスーパーブランドの広告塔としての建築（ＤＵＣＫ）が建ち並び、都市開発や建築物もファンドマネーを集める金融商品として扱われるようになっていた。民主化された資本構造が匿名的な建築のクライアント（ＲＥＩＴ）を登場させ、建築の動向を支配するようになった。そこでは建築は投資の安全性を高めるスペックが要求され、建築物の在り様を決める事項が建築の文化的思想とは無関係となっているのである。資本や情報が極度に民主化されたアメリカでは、建築は市場の中で交換可能な金融商品として扱われ、クライアントとなる民主的な資本構造によって、性能の保証された建築や都市開発が要求されている。建築や都市は生活する人びとのためではなく、投資家の資金を集める道具となっている。建築や都市はこれまでと異なるメカニズムでつくられるようになっているのではないか。そのエージェントは民主化された匿名的大衆である。

たとえば、環境対応を厳しく追及するという姿勢は未来的なのだが、最先端の環境対応を施すことが投資対象としての価値を上げるものと考えられ、高い環境評価のポイントを獲得するために重装備の環境装置を導入する。ところがその過大な建築物の建設行為そのものが環境破壊を起こしているという、矛盾したトートロジーが生まれている。現代は、建築が経済活動の中にあると認識されている。その意味では私たちはポスト・モダニズムの構図の中にあるのだが、1980年代のポスト・モダニズムでは建築は表層の表現＝モードとして扱われていたのに対し、今は、投資対象の物件として安心安全や環境対応など付着技術を要求される商品となっている。この構図はモードや商品にかかわる弁証法的超越をもたらしているのかもしれない。この傾向が先鋭化しているアメリカでは建築文化をリードする人びとはもはや存在しないように見える。そして、建築文化を支えていたメディアも存在しないのかもしれない。そこでは、建築はもはや文化的存在ではなく、実利を扱う経済行為でしかない。

もうひとつ、社会の民主化に向かう注目すべき建築の動向がある。意思決定が多数で行われる民主化した社会に対応する建築の在り方は、空間そのものが説明可能である開かれたプログラムをもつ必要がある、と考える、建築をつくる側の態度である。この建築は権力表象ではない民主的社会を表象しようとする。空間の使用者の自由を最大化とすることを目的とするため、建築ではメッセージを伝える表象記号は消失する。建築というものは物質なのでどのように記号を消去してもその物質性は残る。その逃げられない構造を自覚的にデザインすることで新しい表現が生まれてい

図 6-7　シアトルの公立中央図書館

る。そこでは表現をしない表現という矛盾を抱えているのだが、一方で表現をミニマルにしようとする傾向の見られる建築の存在がある。

20世紀末のレム・コールハースの建築を見ていると、発注するクライアントが交代しているという時代の感覚をもっているように見える。それは、モダニズムを牽引してきた市民社会の権力（マーケット）から市民社会の匿名的大衆が共有する（コモン）への移行だ。もちろん現実には匿名的大衆は発注者ではない。美術館や図書館という公共建築なので、発注する行政機関がリアルな発注主（クライアント）である。しかし、建築を組み立てる方法はその空間を利用する者の民主的な理解を得るような方法がとられる。そしてその空間は具体的だ。メタファーや個人的幻想はそこにはもち込まれない。リサーチに基づく厳格なダイアグラムが描かれ、それを明示しながら誰もが了解できる空間構成を示す。これが民主的な建築の現れである。

それを最初に見たのはロッテルダムのクンストハル美術館（1992）で、ダイアグラム化された空間が全く新しい体験をさせてくれることを知った。個人の造形力とか美学的問題からつくられるのではない、さらに突き抜けた即物性を感じた。そして、そのモノの配置（構造の選択、空間の関係のつけ方、そのボリューム、素材の選択、照明器具の置き方などなど）によって、空間を使用するあなたがこの空間の主人公だと言っているように思えた。このレムの試みが最も成功しているのは、シアトルにある公立中央図書館（2004）だ。ホームレスも排除しないというこの空間は、空間を使う者が主人公であるという民主的な社会を象徴する公園のような空間が建築となっている（図6-7）。

「新しい人びと」の登場

20世紀初頭、シカゴの都市発展モデルが研究され、都市社会学という学領域が生まれた。そこでは、資本主義に委ねた都市発展モデルが作動する社会構造の前提として「高度に自由な経済活動や完全な土地私有制度であることが必須の条件」であるとする。この条件によって現代の都市は経済活動の最適解に向かう。19世紀に「革命が不可能になるような新しいパリの計画」としてつくられたパブリック／プライベートを明確に切り分けるオースマン・ファサードという壁が都市空間の中に無作法に登場するのと同じように、ここでは資本主義が要求する「完全な土地私有制」によって、都市空間は明快な私的領域に占有されていく。その私的領域の占有から残された空間が公的領域なのかもしれない。すなわち、公的領域は残地でしかない。しかも、この公的領域は道路などのインフラを管理する所轄官庁によって切り刻まれている。このようにしてつくられる都市空間は、空間の収奪と売買の結果に生まれた非都市なのだ。

19世紀のパリでは、パブリック／プライベートが明確な意図をもって生み出された。その結果、ベンヤミンが評価するように、あいまいに共存するパッサージュのような空間や、ノリの地図にある公的領域と私的領域が入り混じるような都市空間が、重要な意味をもって見えてきた。同様に日本でも、戦後急速に都市空間の中に資本主義原理が導入された結果、人びとの生活を支える社会的共通資本としてのコモンズが排除されてきたことに気づく。良好なマーケット環境をつくるためには所有が明快にされる必要がある。だから、プライベート・セクターとパブリック・セクターの挟間にあいまいに存在したコモンズは、市場経済の中で排除されている。

「産業革命を契機として、ひとえに工業化をもっと効率的に進展させるための組織、制度がきわめてはやいペースで普及していった。他方、近代合理主義的な政治哲学にもとづく近代国家の形成にともなって、長い歴史的な過程を経て発展を遂げてきた入会制をはじめとする、自然環境の管理・維持にかんする優れた制度（コモンズ）は、法制度、社会的、あるいは経済的な観点から、前近代的、非効率なものとして排除されていった。この歴史的傾向は20世紀に入っていっそう加速された。とくに、第2次世界大戦後における経済発展の過程を通じて、農業の比重が大きく低下するとともに、これらの歴史的淘汰を経て進化してきた諸制度は、世界の多くの国々で、消滅の一途を歩みつづけてきた。」注23

20世紀初頭の西ヨーロッパで産業資本の進展とともに豊かな市民社会層が登場し、この市民社会層が、それ以前の宗教権力や王権などの支配する空間とは異なる思想をもった都市や建築を要求した。それが、現代に続くモダニズム／ポスト・モダニズムという建築都市に関わる方向をつくっている。新しい思想をもったクライアントが登場し、この社会に新しい空間を要求することが都市を変えていく。これまでの変革の時代と同じように、現代も新しい建築を求めるクライアントが登場し、以前のクライアントは退場している。クライアントの交代という時代の感覚を、塚本由晴はさらに先に進めて論じようとする。人びとの行為＝振る舞いを制度化しようとする建築空間を批評し、そして建築を生み出す手続きを倒立させる。人びとやモノが生産する振る舞いが建築に先行するのだ。そこでは、施設建築はその振る舞いを抑圧する権力装置として認識されている。建築のタイポロジーは与えられるものではなく、人びとが生産するものなのだ。そこに「新しい人びと」の登場がある。新しい時代に「新しい建築」が生成される「フィールド」が生まれている。それは「パブリック」でもなく「プライベート」でもない、土地所有や環境面での「コモンズ」という「フィールド」だ。この新しい「状況」が未来の日本の都市をつくるエージェントであるのかもしれない。

そして、2011年以降、日本の社会に登場している状況には、これまでの感覚では建築とは言えない、隙間産業のような建築家たちの活動がある。それは、決められた敷地の中に建築という作品を建てるという行為を超えていくもので、これまでの社会の中で、制度化された建築が依拠するものではない。この新しい建築には、所有された敷地を超えていく概念がある。たとえば、パブリック「官」とプライベート「私」の間にこそ、重要な建築の主題があるのかもしれないと思わせる。そのような所有を超えた〈間をつなぐ空間〉に重要性を感じる人びとの登場がある。

それは乾久美子が『小さな風景からの学び』（TOTO出版　2014）の中で取り上げている空間の様態である。それは都市の中に取り残された余白のような場であり、所有のあいまいな共有地のように見える。隙間産業と書いたが、実はこの〈間〉をつなぐ領域こそが21世紀の主戦場であるのかもしれない。そこに介入する「新しく登場する人びと」は、関係性の構築を求め、風景は連続されるものとなるのだ。この新しい人びとの登場が新しい建築を支えるのであろう。新しい時代を告げる「新しい人びと」の登場によって新しい建築が生まれる。その新しい時代に敏感な感受性をもつ者だけがこの「新しい人びと」に接続できるのである。この新しい建築は、経済活動や政治権力がコントロールする建築ではなく、小さな資本や自発的な活動から生まれるようにも思える。

3・11を経験してわかったこと

東日本の津波で流された更地（タブラ・ラサ）には、この言葉は適切ではないかもしれないが、未来をつくる無限の可能性があったと思う。しかし、建築家という職能はこのような状況では何か行動することが営利活動のように見えてしまう。建築家という都市をつくる職能をもつ私たちにはここで何ができるのか。阪神淡路大震災の時、関西在住の建築家たちが立ち上げた「関西ボランティア」に共感し、関東在住の建築家に呼びかけて「関東ボランティア」を友人と共に立ち上げた。そこで、避難所や復興住宅の提案を行っていた。それを、日本建築学会で発表したり、本に書いたり、災害復興の委員会に提出したりしていたが、何も実現できていない。

この阪神淡路大震災で結局何もできなかった無力感をもっていたために、今回の被災地を前に何をすればよいのか逡巡した。ボランティア活動をサポートする立場にまわることや、復興計画に匿名的に参加することなどを行っていた。復興住宅のURのプロポーザルにいくつか応募したが、このプロポーザルは計画概要がほとんど決まっているもので、応募者からの提案の余地はない。要項を読むと、都市の膨張期に企画された核家族対応の公営住宅の仕様のようで、家族形態が変化している社会様態や地域特性に対応しているものではない。できるだけ低層にすることや生活の気配がお互いに感じられるようにすること、共用する空間や設備をなるべく多くすることなど、プロポーザルのプログラムに違反する提案を行ったが全く相手にされなかった。そこで、建築家に自由な提案を求めていた釜石市の災害復興公営住宅設計競技に応募することにした。

コンペに落ちた案を取り上げて説明するのは潔くないことは承知なのだが、ここで考えたことは私にとってはこれからの人びとの集合形式を考える重要な事柄であった。「コモンズを生成する集合形式」というタイトルを付けて応募したが、被災しコミュニティが劣化している共同体の再生を狙っている。要項では5階建くらいの建築が想定されているようであったが、検討してみると2階建で要求されている住戸すべてが納まることがわかった。接地性を高め、互いの生活の気配が感じられるようにユニットを配置し、気持ちの良いパッサージュのような半戸外の共用スペース（コモ

図 6-8　コモンズのイメージ

ンズ）を接着剤として人間の関係性をつなごうと考えた。そこでは、コストを抑えることが最も重要であった。そのため構法や施工法の検討ばかりを行っていた。建築は極限の状況では個人的な表現や情緒的な振る舞いではなく、社会という他者にコントロールされて自我が漂白されるような顕れとなる。新しいタイポロジーは、こんな感覚をもって描かれるのではないか。と思えたプロジェクトであった（176ページ）（図6-8）。

復興計画の進行の中で、この社会では統合的な街づくりの活動が困難であることが明らかになる。都市をつくる役割は土木、建築、インフラなどと切り刻まれており、担当するそれぞれのセクターが、その閉じた領域での最適解をつくりあげる。それは、部分は的確であっても、全体として見たときに不整合な集合体となる。私たちは巨大な自然災害の前で人間の無力さを知ったはずなのだが、そこに、さらに巨大な堤防をつくって自然を制御しようとする。人びとがどのように住むかビジョンも立てられていないうちに、道路と電信柱による配電だけが復旧される。高台移転というアイデアで、山頂が平らに切り取られ宅地造成が行われる。そして、かつて都市が膨張した時に使われた戸建て住宅団地や公団型アパートが再び計画される。無思想性の官僚制度の社会では、すべてオートマティカルだ。そこで、まったく新しく計画する場合でも、既存都市が抱える問題が再現されることがわかる。人は連続した空間を生きている。しかし、その人の生きる空間は切り刻まれているのだ。

パリではパブリック／プライベートを切り分ける壁という空間原理が支配するのであるが、現代の日本では空間を管理する所轄官庁によって都市空間は切り分けられている。道路、堤防、電信柱、地盤などは、建築が扱う問題とはされない。敷地区画がすべて終了し、所有者が特定して初めて建築の問題となる。全体性をつくる都市のエージェントは思想をもたない透明な社会制度である。建築家という職能はこの制度の中で役割（ロール）が与えられている。が、連続するこの空間に介入するためには、何か新しい方法が必要なのかもしれない。それは、ヨーロッパ文明の中で役割が与えられた職能としての建築家ではない、地域社会に対応する新しい役割をもった「建築家」という概

図 6-9　ELEMENTAL

念が登場するのかもしれない。

アジアにおける職能が未分化の地域での建築家の活動を見ると、そこに可能性のサンプルがある。職人集団とともにあった「スタジオ・ムンバイ」の仕事や、地域社会と未分化に活動する台湾宜蘭の「田中央工作群」の仕事、さらには南米であるが、コストを下げるための最小限のコアによる住宅の提案が住まい手の参加を創造するチリの「ELEMENTAL」の仕事（図6-9）などに現れる新しい建築的行為が地域をつくるのかもしれない。いずれの組織も個人名を外していることに注意したい。そしてヨーロッパ文明からは辺境にある点は日本も同じだ。思い当たる仕事をあげてみたが、実はこのような地域社会をつくることを仕事とする職能はこの社会に潜在しているのかもしれない。そこにはクリストファー・アレグザンダーが夢見た「The Timeless Way of Building」という世界がある。

時代の移ろいの中で、建築という役割も移行する。レム・コールハースが2014年のビエンナーレで提示した建築のモダニズムという期間(1914-2014)は、歴史的にみても建築家という個人が屹立した特異な時代であったように思える。20世紀は切断の世紀である。時代を切断する事件がいくつも存在し、イデオロギーの抗争があった。社会を引きちぎるような運動の中で、建築家はその社会を表示する役割が与えられていた。形の創造力という個人の能力に過大に加担した時代であった。この表現する個人としての建築家を要求した時代が終焉するのかもしれない。

その100年は人類史上圧倒的なエネルギーを消費し地球環境を蕩尽しつくした。「資本主義」という欲望の原理が暴走した時代である。おそらくこの「資本主義」という社会システムの矛盾が顕在化し、人びとはそれに覚醒しているのではないか。建築家とはこの「資本主義」に引き続き奉仕する存在なのであろうか。または、現在の「資本主義」を乗り越える新しい社会システムが登場するとしたならば、建築家はそこでどのような貢献ができるのであろうか。建築家は都市をつくるエージェントになれるのであろうか。

1　この150人という集合は原始集落の基本的な単位で、ひとりの人間が親密に付き合える人間の個体数の限界値だという話を聞いたことがある。小学校のクラスルームという単位は教員という指導者がコントロールできる生徒数という教育技術によって決まる数であるが、生徒同士がつくる社会という単位には、もう一つ上の階層であるこの150人程度の個体認識の限界値が存在する。だから学校にはクラスルームという単位を横断する社会を構成する単位を設ける必要があるという話を教育学者から聞いたことを思い出した。ダンパー数という。（白石第二小学校（142ページ）の空間構造を決める手掛かりとなっている）

2　Claude Lévi-Strauss, *Tristes tropiques*, Plon, 1955／レヴィ＝ストロース著、川田順造訳、『悲しき熱帯』、中央公論社、1977、42ページ

3　Avner Greif, *Institutions and the path to the modern economy*, Cambridge University Press, 2006／アブナー・グライフ著、岡崎哲二訳、神取道宏監訳、『比較歴史制度分析』、NTT出版、2009

4　Aldo Rossi, *L'architettura della città*, Marsilio, 1987／アルド・ロッシ著、大島哲蔵・福田晴虔訳、『都市の建築』、大龍堂書店、1991

5　富永茂樹、『都市の憂鬱』、新曜社、1996、157ページ

6　Walter Benjamin, *Das passagen-werk*, Suhrkamp, 1982／ヴァルター・ベンヤミン著、村仁司・三島憲一他訳、『パッサージュ論』、岩波書店、1993、51ページ

7　2013年から毎年継続して開催している、Y-GSAの寺田真理子が企画する都市居住に関する国際シンポジウム。2015年は「都市のインフォマリティ」というテーマで、世界の脆弱市街地をあげ、その可能性について議論されている。

8　岡部明子、『バルセロナ』、中央公論新社、2010

9　Rem Koolhaas, *Delirious new York*, Thames and Hudson, 1978／レム・コールハース著、鈴木圭介訳、『錯乱のニューヨーク』筑摩書房、1995、14－15ページ

10　吉田伸之・伊藤毅、『権力とヘゲモニー』、東京大学出版会、2010、iページ

11　L.Wirth, Community Life and Social Policy, Chicago University Press *Urbanism as a Way of Life*, 1956／横山亮一、『都市社会学への視座』、海越出版社、1990、198－199ページ

12　Edward W.Soja, *Thirdspace*, Blackwell, 1996／E・W・ソジャ著、加藤政洋訳、『第三空間』、青土社、2005

13　Rem Koolhaas, *Delirious new York*, Thames and Hudson, 1978／レム・コールハース著、鈴木圭介訳、『錯乱のニューヨーク』、筑摩書房、1995、136ページ

14　陣内秀信、『東京の空間人類学』、筑摩書房、1985、49ページ

15 小泉和子・高薮昭・内田青蔵、『日本の生活スタイルの原点となったデペンデントハウス』、すまい学大系96、1999、占領軍住宅の記録上
住まいの図書館出版局

16 同右73ページ

17 「長屋の引っ越し」という落語の小話の中で大八(荷車)に戸板、畳、障子、襖を重ねて運ぶ話が描写されるが、日本では家屋の中で動かない柱梁、屋根天井床、壁などのスケルトンと、戸板、畳、障子、襖などの可動のインフィルという概念があたりまえのようにあったことがうかがえる。スケルトンはハブラーケンの言葉で言えばサポートシステムとなるのであろうか、社会的な共通資本であり、戸板、畳、障子、襖のような可動のものはインフィルであるから私有物となる。

18 Paul Kennedy, *The rise and fall of the great power*, Random House, 1987／ポール・ケネディ著、鈴木主税訳、『大国の興亡』下巻、草思社、1988、281ページ

19 Jane Jacobs, *The Death and Life of Great American Cities*, Vintage Books, 1961

20 Robert Venturi, *Contradiction in Architecture*, Vincent Scully Museum of Modern Art, 1966

21 Charles Jencks, *The Language of Post-Modern Architecture*, Rizzoli, 1978

22 Thomas Atzert, Jost Muller, *Kritik der weltordnung*, ID Verlag, 2003／トマス・アトゥツェルト&ヨスト・ミュラー著、島村賢一訳、『新世界秩序批判』、以文社、2005、Iページ序文

23 宇沢弘文、『社会的共通資本―コモンズと都市―』、東京大学出版会、1994、2ページ

第Ⅱ部　新しいタイポロジーのスタディ

第Ⅱ部では自作を解説しながら「人間の集合形式」「都市への作法」「街への作法」「機能混在」「視線の遮断と交錯」「新しい中間集団の創造」「都市のリサイクル」といったテーマを取り上げて論述する。Ⅰ部での論考とは異なり、実施された建築は社会的拘束を受けているので、言葉で語るようには自由に論考できない。空間の妄想はいくらでも拡張するのであるが、現実にできたことでしか語れないもどかしさがある。

人間の集合形式

宮城県白石市のまちづくりの委員会に参加している中で、小学校と病院の設計を委員会メンバーに任されることになった。小学校の設計をするというのは初めてだったので学校教育の原論から調べてみた。面白いことが分かったのだが、クラスの人数というのは全国の学齢児童数を教員数で割った数で決まっているという。当然のことなのだが人口統計によって就学時の人数は正確に把握されている。なので、自治体ごとに教員の人数をコントロールしてクラスの人数を決めているということを知って、教育というものが国家の管理におかれているということを実感した。

私たちの時代は戦後のベビーブーム世代だったのでひとクラス50人だったのが、白石市の小学校を設計していた1990年代半ばでは、40人を割るくらいであった。しかし調べてみるとフランスでは初等のクラスは20人くらいで、しかもチーム・ティーチングで教員は複数いるということであった。本来はクラスルームという単位は教員という指導者がコントロールできる生徒数という教育技術によって決まる数である。フランスでは初等の児童を教育する方法論としてこのようなクラスの単位を定めている。教員が複数いるのもクラスの中で教員という絶対権力をつくらないための方法である。先生と児童のコンタクトの度合いが検討されているのではないかと思う。

大学の建築教育ではスタジオという教育技術があって、これはひとりの建築家に10人ほどの学生がつき構成される教育ユニットである。スタジオは15人を超えるとふたつに分けて、8人で構成するユニットにしてしまう。AAスクールで教えていたトム・ヘネガンから、これは英国陸軍の最小単位である小隊が同じシステムをとっているからだという話を聞いたことがある。10人くらいの小隊が小隊長のコントロールが利き戦闘能力が最も高くなるそうである。サッカーはキーパーを除くフィールダーが10人で闘うチームスポーツである。ラグビーは15人だがフォワードとバックスで8人と7人に分かれている。人間の集合形式は人間という種を相手にするものなのでコミュニティスケールというものが存在する。

この「白石第2小学校」(1996)の設計に当たって教育学者の佐藤学からアドバイスを受け

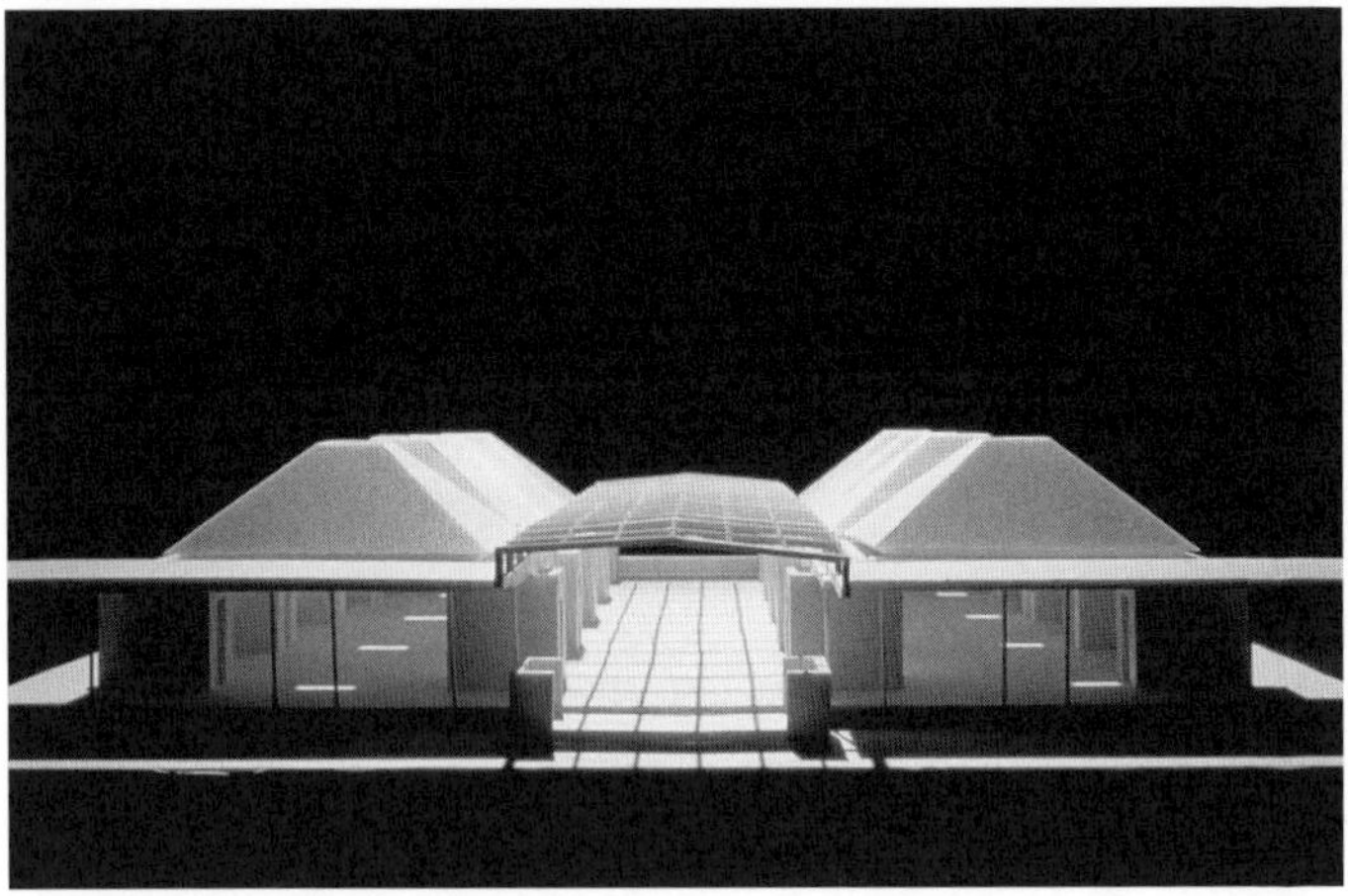

図 1　クラスルームゾーンの構成

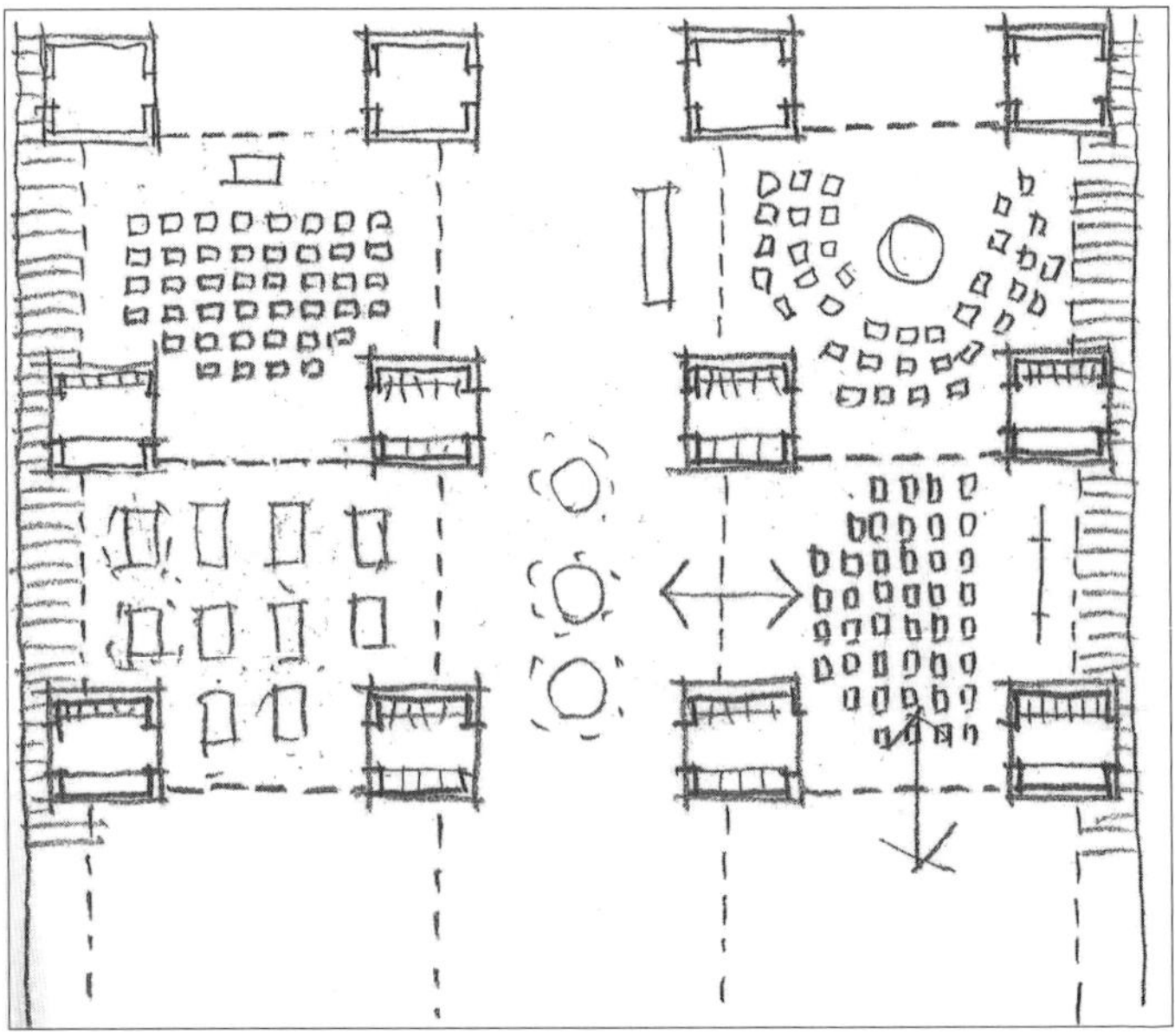

図 2　クラスルームゾーンのアクティビティスタディ

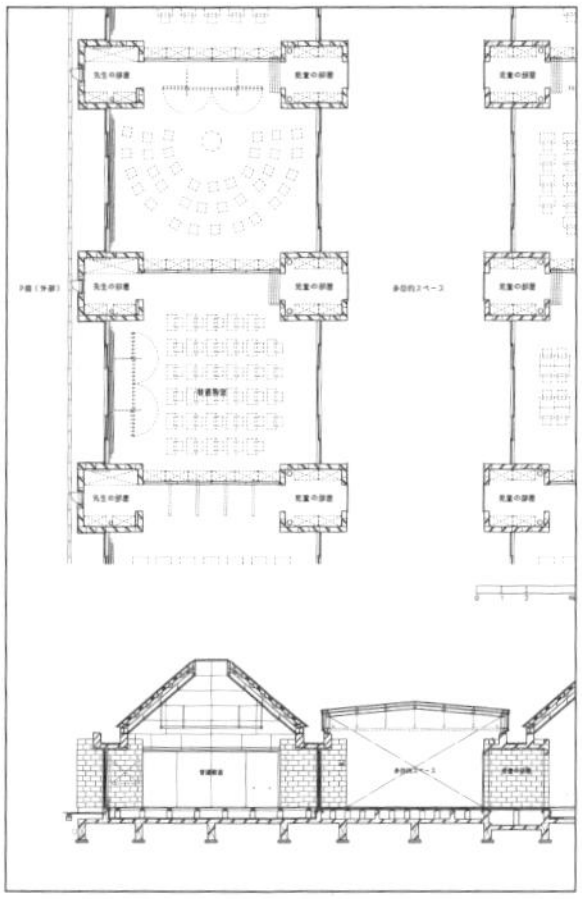

図 3　クラスルームゾーンの平面・断面

図 4　クラスルーム間に視線が抜ける

図 5　多目的室（ホール）

ていた。その中で人間が個体認識のできる上限が150人くらいであり、このくらいの人数で構成される集団が安定した人間関係をつくれるという話だった。40人というスケールでは、その集団の中で疎外される人が出た場合、他の人と関係をつくる選択肢が生まれ難い。150人くらいの集団の中にいるという感覚がもてれば、その中で他の選択を行うことができるので、イジメなどの行為が無くなるということであった。そこで「クラス」を超える、150人くらいで構成する「ハウス」という概念を空間構成の中に導入することをアドバイスされた。そこでこの「ハウス」という概念を空間として実体化する検討を行った。

検討の結果、「白石第2小学校」では40人弱のクラスが4つ連担するような空間形式をつくった。フーリエの思想に影響を受けて実現したファミリステール（50ページ）のようにガラス屋根の付いた多目的室というホールを挟んで教室が向かい合う。ガラス框戸の引き戸なので開放したままでも使えるので、教室間はホールを挟んで一体の空間となっている。そして隣接する教室間は可動建具で仕切っているので、これも開放してチーム・ティーチングができるようにした。教室に設えられている家具は、黒板も含めてすべて可動としたので空間の使い方は自在である。そうすることによって、黒板→教卓→机椅子列という視線のヒエラルキーも解体することができる。外からの視線が入るクラスルームの空間では、教師がクラスルームの中で独裁的になることはない。いつも他からの視線に晒されている。同様に、生徒も授業中、クラスルームを超えて隣のクラスの様子が見えている。150人という閉じた空間をつくるのではなく、150人くらいの人間関係がつくれるような空間を検討した。絶えず平等な視線が存在すること。そして半戸外のような解放され、空間の所属が自由である空間が用意されること。そのような空間によってヒューマン・コンタクトが生まれ、その空間が人間の関係性を調停し人びとをつなぐ接着剤のような働きをする。

都市への作法

「都市の起源は市のたつ交易の場から始まる」と、ジェーン・ジェイコブスの『都市の原理』に書いてあったような記憶がある。そして、中国の交易都市の建物が、1階は壁がほとんどない造りで、日中は建具を全部はずして街中が大きな市場のようになり、夜間は建具が入り上階は宿場になっているという、そんな都市の話を聞いたことがある。

現代の東京は、土地はすべて区分所有され、その土地の所有者はその敷地の中で最大限の自由が与えられている。「高度に自由な経済活動と完全な土地私有」という社会制度が導入され、小さな建物や住宅までもGDPに貢献する経済活動とした。東京の街が無秩序なガラクタ箱のような風景となるのは、この国の社会制度がつくり出している。土地の所有者は、最大限、有効にその土地を利用しようとするために周囲への配慮がなくなる。東京という都市はそんな建物で埋め尽くされている。だから、この都市は分断され個々の建築には連続性はない。そこで、建物の形や色を自由に選択できるとしても、交易都市がそうであるように、建物の地表階は都市の論理に従う空間だと考えられないだろうか。言い換えれば、1階部分は都市に差し出される空間であり、都市と接続し連続する空間であるという思想である。商業ポテンシャルの高い場所では、1階は事業用施設となるので、そこでは、建築は自ずと都市につながり開放された公共性をもつことになる。

小さな複合映画館ビルの「Q－AX」（2006）の敷地は、渋谷の古くからの花街である円山町で、ライブハウスとラブホテルが建ち並ぶふたつの通りに面している。前面の通りはライブに集まる音楽サブカルチャーのグループで、時に祭りのように騒然とした状況になる。ここに都市のホワイエと言えるようなパブリックスペースが設けられないかと考えて、設計の最初の段階から、ふたつの通りを繋ぐように1階部分に道路の延長のような空間を設けることを提案した。法的に要求される空間や機能上必要とされる動線などを検討し、最少の天井高が2，150㎜で2階の段床に合わせて天井勾配が上がる隙間のようなスペースを設けることができた。これは都市の中で偶然できてしまった、人が通れるぎりぎりの高さのガード下のような空間だ。そこに約1ｍピッチでグリッド状に電源と支持アンカーを打ち込んで、まるで映画制作のスタジオのように、インスタレーショ

図6「Q-AX」　ふたつの通りをつなぐ地表階

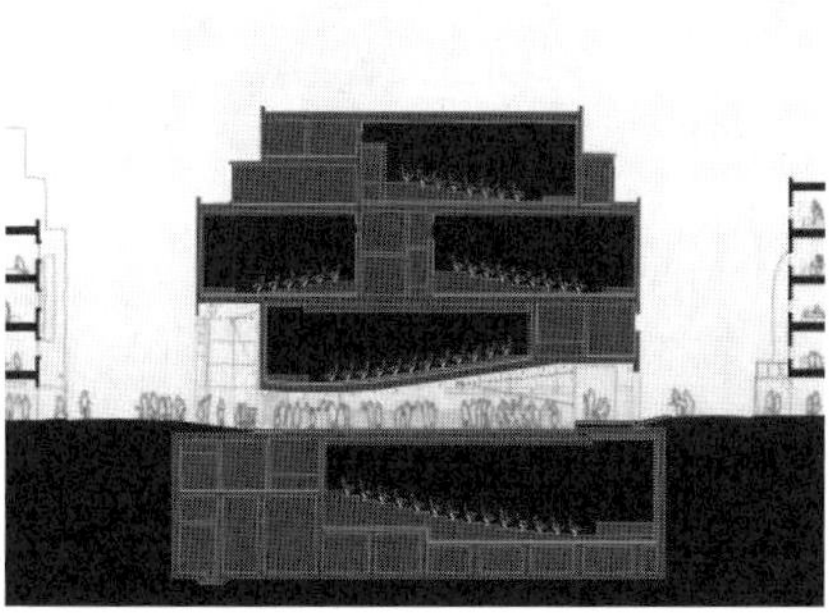

図7「Q-AX」　断面

ンが自在に行えるスペースを用意した。映画関連のイベントやフィルム上映にも対応できるようになっている。このように、ある規模をもつ建築を都市内に構想するときに、1階部分を都市に接続させるというのは都市への作法なのだ。

青山通りから少し入った、裏青山と呼ばれるエリアで計画した「OMNI-QUARTER」（2000）は、地下1階、地上4階の複合ビルである。1、2階はショーケースのようなデザイナーのブティックとアトリエが入り、街にその身振りを見せている（その後テナントは変わっている）。隣地との隙間になる南側は、大きなアトリウムのようなスリット状の吹抜けとし、道路から直接つながる路地のように設定した。最上階は巨大なパーティールームとなるキッチンが置かれた部屋、その直下の3階は自立した5人の成人が住まうことになっていたため、長屋のように家族メンバー分の個室を並べた。その個室から最上階のパーティールームのような空間と、都市（外部）へのアクセスが等価であるような空間配列とした。地階は上階の住居に付属するアトリエとギャラリーになっている。上階の3、4階は一体となって住宅を構成するのだが、LDKという4階の共用空間と3階に並べた個室群を切り分けているため、通常の住宅という閉じたプログラムを解体している。この空間は簡易宿泊所であったり、シェアハウスとして使うこともできる。

かつては、ひとつの屋敷として使われていたこの敷地は、現代の住宅としては規模が大きいため、通常だと切り分けられてしまうか、またはマンションなどの区分所有するような開発が行われる。

図8 「OMNI-QUARTER」 1・2階は都市に開放される

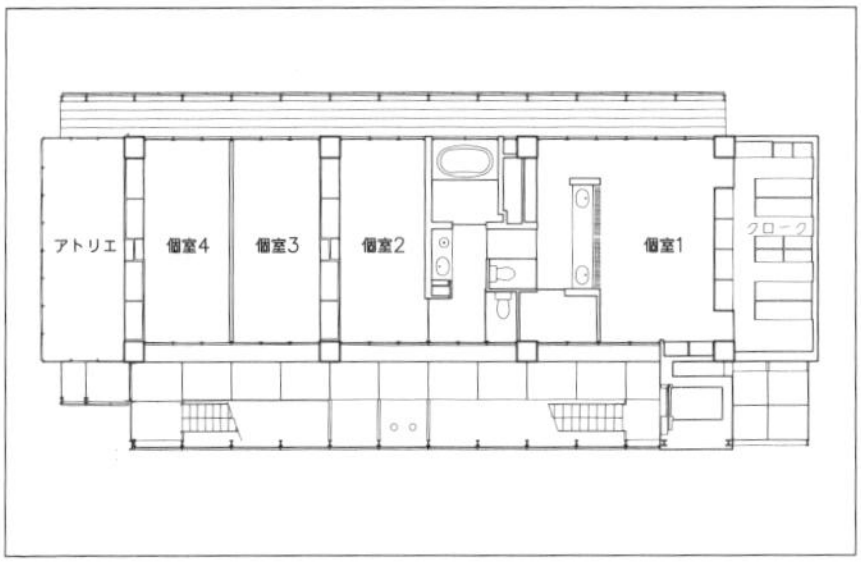

図9「OMNI-QUARTER」 3階平面

図 10「Klarheit」 空間構成が明示されるファサード

図 11「Klarheit」 SOHO 住宅部分の共用廊下

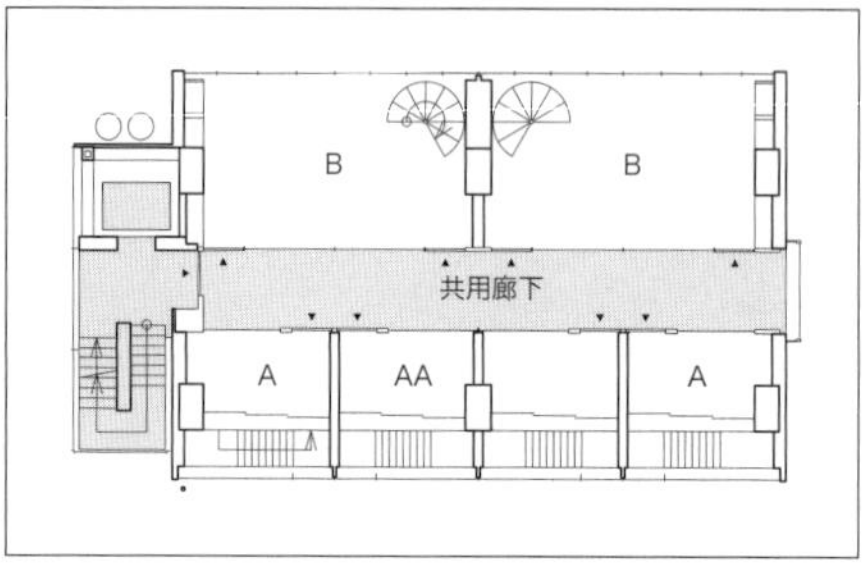

図 12「Klarheit」 SOHO 住宅アクセス階平面

しかし、ここではクライアントが建築プロデューサーであるため、都市の街区イメージを形づくるような開かれたプログラムが与えられている。

この空間配列は、その後「Klarheit」（2008）という複合建物でも展開している。その建物は1、2階は都市に接続する大きく開放された空間を設けており、そこには自然食マーケットや美容院が入っている。中間階の3層にメゾネット型のSOHO住宅を設けている。メゾネットのアクセス階になる真ん中のフロアーは、ガラスパーティションで区画されたオフィスのように設えた。6つの異なるオフィスが緩やかにつながり、そしてその上下階にそれぞれのプライベートなスペースをもつSOHOコミュニティである。最上階はコモンダイニングとなるパーティールームを設けたが、現在はイタリアンレストランとなっている。この場所に住まいながら働くSOHOの住人たちが、街のイメージをつくっていくと考えた。

街への作法

専用住宅の建物は個人としては大きな消費財なので、ローンの返済のために一生をかけることにもなる。そして当然のことながら、住宅という建築は不動産という財産なので、クライアントの個人的資産である。そのため、個人の趣向によってその建築の表現が決められる。建築基準法さえ守れば法的には個人の最大限の裁量が守られている。だから、新しい精神をもったクライアントに出会えれば、新しい建築をものにすることもできるが、一方、資産家の道楽でオブジェのような建築がつくられることもある。住宅を社会的な存在にさせるのは困難なのである。しかし、昔からある店舗付住宅のようなものだが、事業用プログラムをもつ小建築は、小さくても社会に接続した建築としての可能性がある。

「PLANE＋HOUSE」（1999）は、プロダクトデザイナーのアトリエ付住宅である。予算が厳しかったこともあるが、事業用の建物なので徹底した合理的な理屈から空間を組み立てた。住宅に付着する記号を剥ぎとった工場のような建物にした。下階のアトリエは直接道路に面していて、日中もそこで働いている様子がうかがえる。上階の住宅部分もファサードは同じにしている。しかし、住宅部分は縁側のような空間を設けダブルスキンとして、このクッションのような緩衝の空間によって、内部の熱環境を守るのと同時に、外部からの視線をコントロールしている。

上階を土地の所有者の住宅として地表階を店舗やオフィスにするのは都市建築のタイポロジーとしての可能性がある。店舗付住宅なので近隣からはその活動が日常的に感じられる。地表階を事業用としているので、土地の所有者は土地という資本をもとに小さな経済行為を行うことになる。このような建築はいやおうなく社会と接続するため公共的な振る舞いをもたされる。この街に対す

図 13「PLANE+HOUSE」

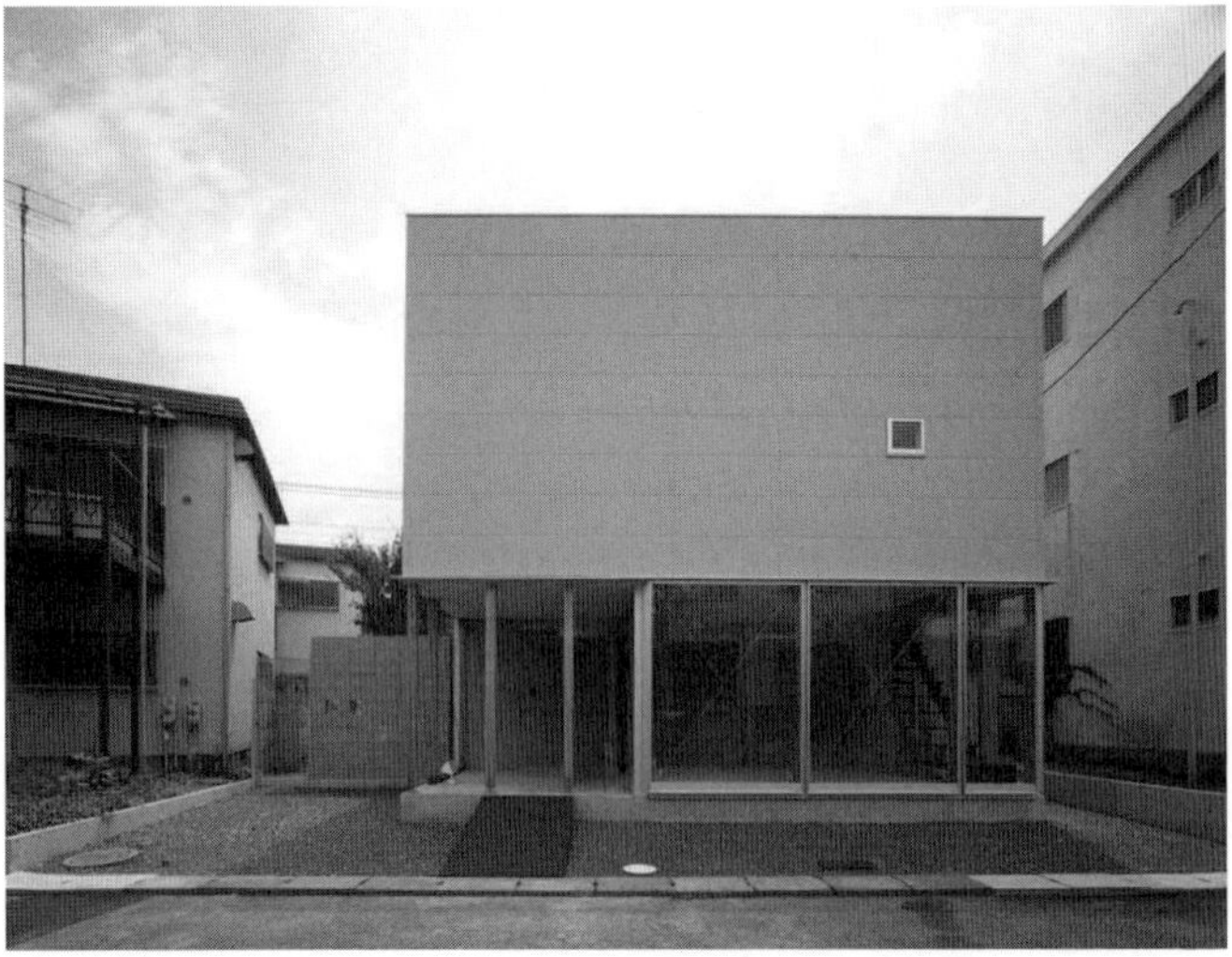

図 14「dada house」

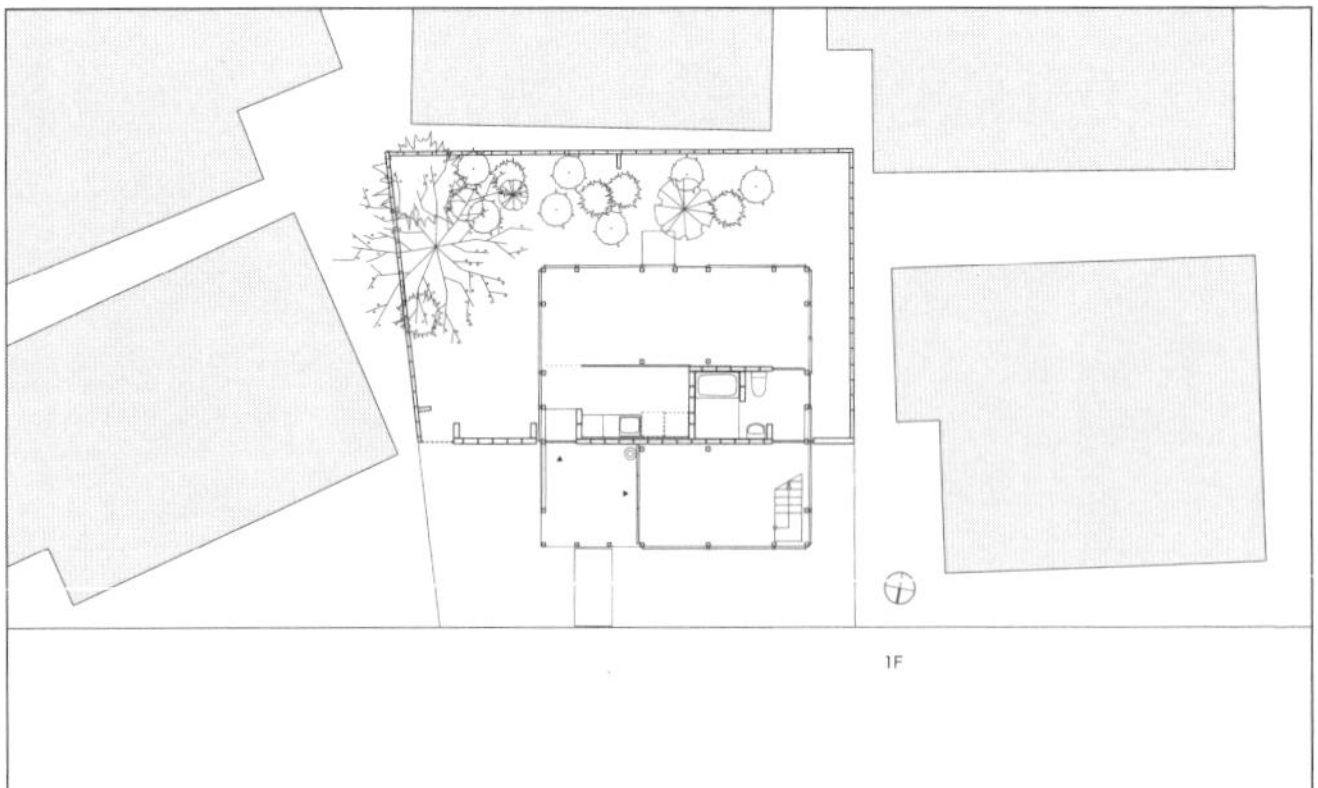

図 15 「dada house」 ブロック塀をセットバックさせて敷地内に公的空間をつくる

る作法をもつタイポロジーを、専用住宅にも展開できないかと考えた。それは、玄関という公的領域から私的領域に移行する中間のスペースを拡張させて、街に参加させるというアイデアである。

日本の住宅地でブロック塀は見慣れた風景だ。このブロック塀は土地の個人所有が進んだ戦後に一気に普及する。それ以前の日本の住宅地に当たり前にあった、生け垣やあいまいな敷地境界は、この空間の所有を明確に表記する道具に置き換えられ、日本の住宅地はプライベート／パブリックが明確に切り分けられる。日本の高度経済成長期に都市の膨張（スプロール）が進行し、東京では私鉄沿線の都市郊外に多数の分譲住宅地が建設された。この時期、アルミサッシ、蛍光灯、コンクリートブロックなどの住宅部品が産業化され、住宅地の風景が大きく変わる。

「dada house」（2009）は1960年代につくられた東京の郊外の、分譲住宅地の中にある住宅の建て替え計画である。この時代につくられた住宅地によく見られるように、ブロック塀が連続した街並みの中にある。ここではブロック塀によって私有地の境界が明示されているのだが、このブロック塀を操作対象とすることで、街との関係を変えようと試みた。この建物では、通常は道路境界に置かれるブロック塀をセットバックして建物の中に置いた。それによって公共的な空間が建物内部に侵入する。一戸の住宅がこのようにして街に開かれることで、住宅地の街並みが近隣との関係を結び始めると考えている。

建主はパブリックアートの研究者なので、この言語的操作を理解していただいた。2階は仕事場となっていて、そこは、たくさんの本に囲まれた図書館のような落ち着いた空間である。そして、1階の庭側は既存の隣地とのブロック塀と建物中に設けたブロック壁に囲われ、外部空間と一体になった空間となる。道路側はオフィスまたはパブリックアートのためのギャラリーという設定にしているため、靴のまま使うタタキである。ここは街に属する空間となっている。いずれこの空間が近隣の人びとを結びつける小さな公共施設となるかもしれない。そして、この建築ができたことで、人びとは住宅地の中の開かれた空間を経験することができ、共感する人びとの登場が街を変えていく可能性があるのだ。このことの重要さをまだ社会は気づいていない。

機能の分断と混在

近代建築の原理として「アーティキュレーション＝分節化」という概念がある。建築のモダニズム運動は20世紀初頭のヨーロッパ社会が生み出したものだが、同時代の言語学者ソシュールは、分節という行為によって無意味な集合から意味あるものを括り出すという概念を示している。その思考と同じように、近代建築では機能によって人間の行為を分節化し、そのまとまりを空間に対応させる方法論がつくられた。近代建築における計画とは、機能ごとのまとまりを抽出し、それに適切な空間の大きさを与え、それらの関係性を図式化し建築の全体像を組み立てることである。それを実際の建築とする場合は、空間を壁によって機能ごとにアーティキュレーションすることになる。そのため、建築の主題は壁の配置となり、空間は切り分けられ、人びとは分断されてきた。

人は区画された壁の中で他者から見られないというプライバシーの権利を獲得するのだが、「プライベート」とは他者と関係をもてなくする隔離という意味をもつことを注意したい。ハンナ・アーレントは以下のように書いている、「私生活の privative な特徴、すなわち物事の欠如を示す特徴は、極めて重要であった。それは文字通り、なにものかを奪われている（deprived）の状態を示しており、ある場合には、人間の能力のうちで最も高く、最も人間的な能力さえ奪われている状態を意味した。私的生活だけを送る人間や、奴隷のように公的領域に入ることを許されていない人間、あるいは野蛮人のように公的領域を樹立しようとさえしない人間は、完全な人間ではなかった。ところが、私たちが〝privacy〟という言葉を用いるとき、それはなによりもまず略奪 deprivation を意味するとはもはや考えない。」[注1] プライバシーとは、人間であるという状態を奪われていることを示しているということである。

近代は空間を切り分けることで、空間の商品化を進めてきた。ホテルという商品化空間は、隣人とは無関係に窓からの景色を売る滞在施設であり、集合住宅はこの商品化空間を長期滞在施設とした不動産商品である。隣人がどんな人間であるかは関係なく、床面積だけで価格が決まるマーケット商品であるためには、互いの空間が無関係であればあるほどよい。良い商品としての集合住宅は隣人の生活の気配を感じないように工夫されたもので、スチール製のドアを閉めれば窓からは無限遠を眺めるという空間システムとなる。このような商品化空間によって人びとは切り分けられ、孤立してきたのではないか。さらに、集合住宅は基準法上住居以外には使用できない。そのため都内の単身者用のマンションは日中は人影が無い。また、商品としての集合住宅は高いプライバシーが要求されるために、外からは内部はうかがえない。マンションの1階部分は特にプライバシーが守られないので人気がない。集合住宅はプライバシーを原理として空間が組み立てられているのだ。そのような構造となっていることもあって、日中は人びととの活動が現れない。

「集合住宅20K」（2004）の敷地は都心部にある古くからの住宅地で、周辺ではマンションへの建て替えが進行している。住宅地なので厳しい斜線制限がかかっている。そのため、敷地内で建物を南側の敷地境界ぎりぎりに寄せて配置し、法的に要求される窓先空地や有効採光面などを取るために北側に大きな空地を設けた。そして、この大きな空地に向かって開かれたSOHOコミュニティをつくることを考えた。空地に直接接続する北面に大きな吹抜けの空間を設けたメゾネットとしており、そこに小規模なオフィスまたは仕事場を下階に、住まいを上階にもつようなSOHOとして使われることを想定した。空地からは透明なガラスを通して中で働く人の姿が見える。敷地近くに出版社、印刷会社がある関係で、編集やグラフィックの小さなオフィスが立地する。そのよう

図 16「集合住宅 20K」　SOHO メゾネット

図 17「集合住宅 20K」 SOHO メゾネット内部から空地を見る

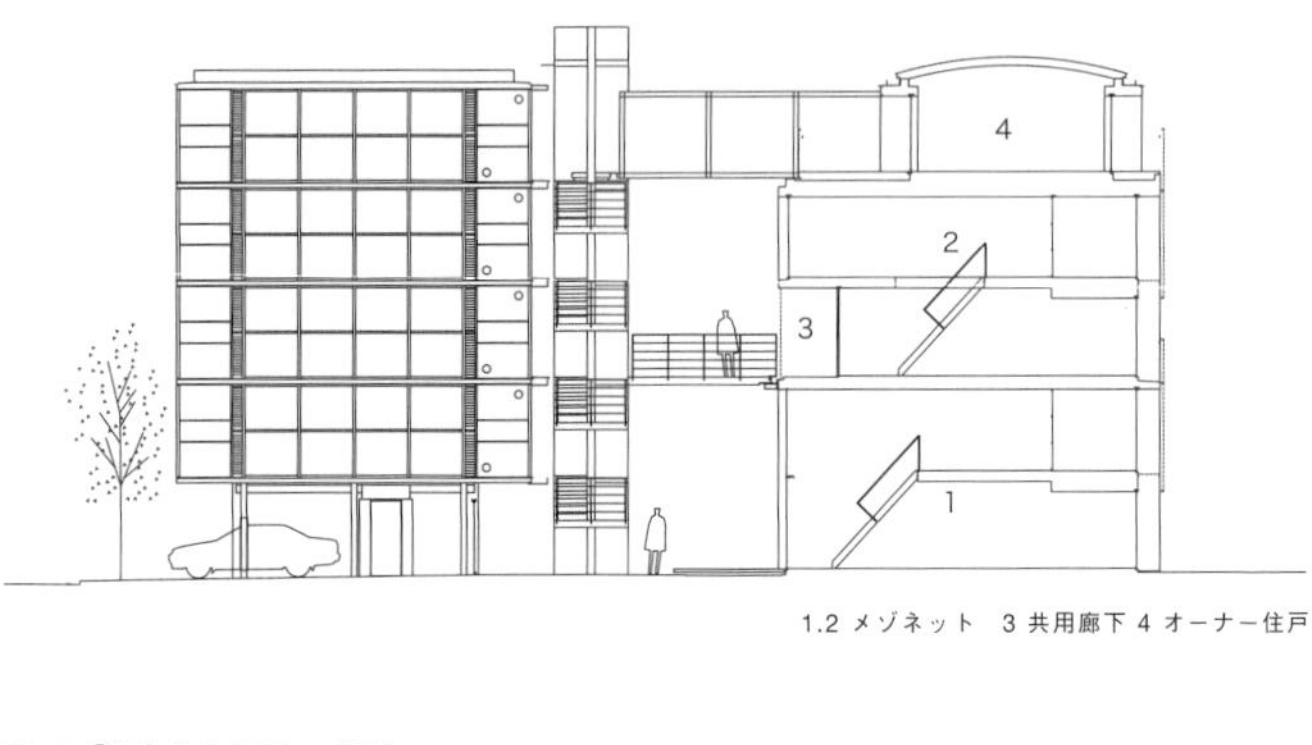

図 18「集合住宅 20K」 断面

な小さなオフィスが集まっているせいか、そこは、おいしいレストランや惣菜屋のある街である。近隣の泡の中にいるという感覚はこのような地域社会の中にある。

視線の遮断と交錯

ミッシェル・フーコーは「パノプティコン」という空間形式を紹介している。日本語では一望監視システムと訳される。放射状に配置される監獄を一点から監視できるシステムなのだが、収容されている者同士は互いに見えない。監視者からの視線を受けることが管理の原理である。さらに監視者が不在でも、視線を受ける空間構造そのものが管理というシステムを内在する。人間が見られ、見るという関係をつくる視線の存在を印象づける引用である。人と人との関係性を構造化するうえで視線の役割は大きい。人は目と目が合うとき、敵意がないことを示すために挨拶をする。一度挨拶をした人は互いに認識され、その関係は持続される。互いに認識しあった人たちのネットワークがネイバーフッドという集合を形づくる。視線の交差が互いの気配を感じ、他者への気配りを要請するのだ。

建築が人間の関係性をデザインするものであるとするならば、それは視線をデザインすることである。固い壁を立てて視線の通らない恒常的な分断をするのか、視線の位置を示す開口部をつくるのかによって、空間の関係性は異なる。さらにその開口部の大きさや位置によって、それが見るためなのかあるいは見せるための開口部なのか、意味は異なってくる。見る者の姿を消すことはそこに権力が生まれ、見られる者が定常化することで抑圧の構造が生まれる。恒常的に視線の通る透明なガラスの壁にする場合は、ブラインドなどの2次的な視線制御の装置の使い方によって、その関係性はコントロールされる。

東京の木造密集市街地は、小さな木造家屋が建ち並び、そのひとつひとつが異なる屋根や色をもっているので、遠望すると色鮮やかなカーペットのようである。近づいて見ると、その小さな建物の間には細街路や隙間があり、庭とは呼べないような小さな隙間にも庭木が植えられ、そこに木漏れ日や隙間風が流れ、微気候が調整された優しい住環境が生み出されている。この木造密集市街地では、この大量の隙間のような空間をクッションとして人びとの生活が調停されているのだ。

「洗足の連結住棟」(2006)の敷地は幹線道路を一皮入った、古くからの良好な住宅地で、木造の戸建て住宅が比較的ゆったりとした敷地規模で並んでいる。建物のグレイン(粒)がそろっている。その豊かな外部空間には庭木が植えられ、光や風が侵入し優しい住環境が生み出されている。この安定した住宅地のグレインの密度に合わせるように、分棟型の建築を検討した。小さな住棟の

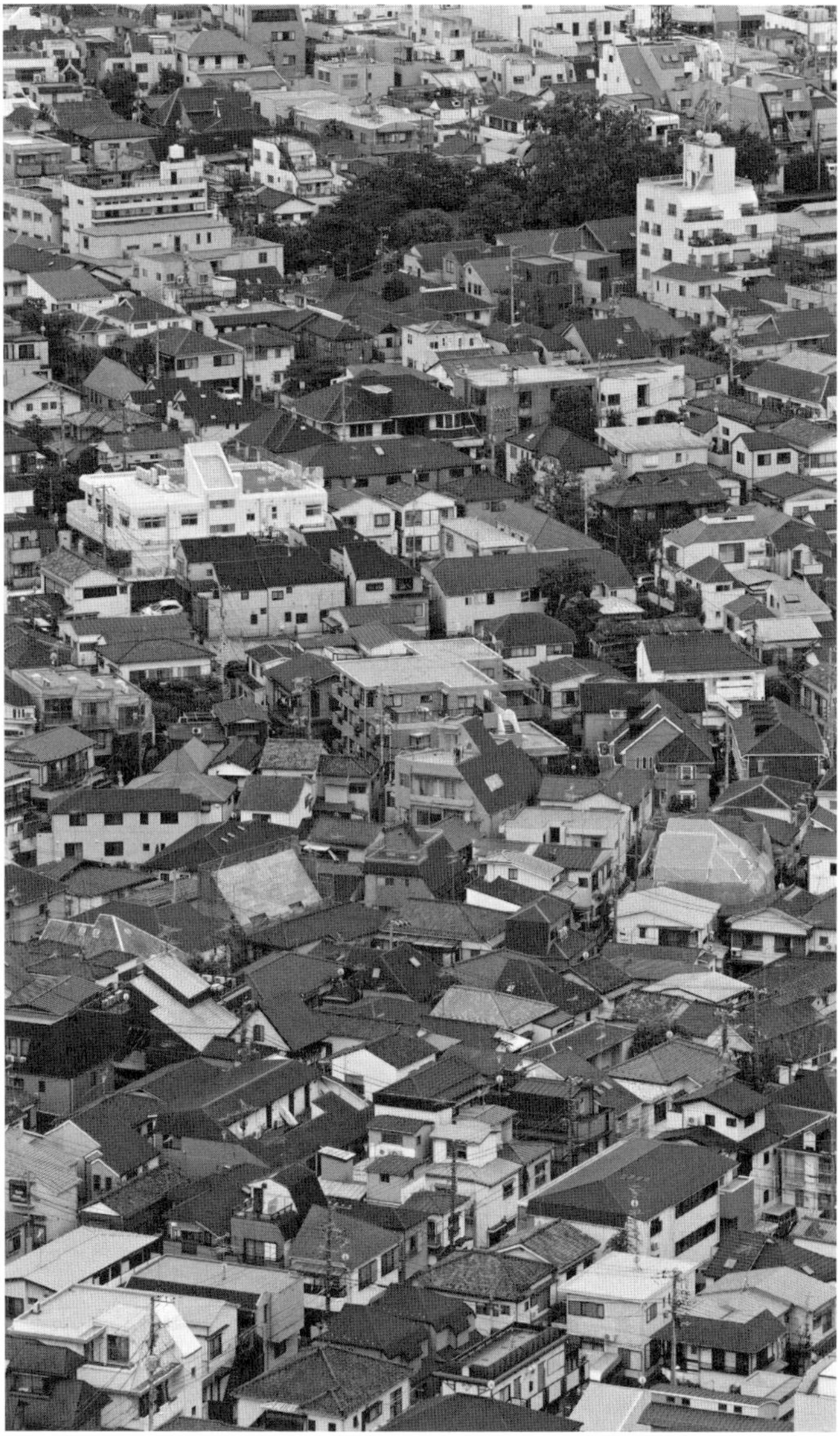

図 19　東京の木造密集市街地

ユニットは構造体を中央部にもつことで、外周すべてを開口面にできる空間形式とし、その住棟を10棟連結した集合住宅である。どの住戸も戸建て住宅のような外部とのインターフェイスの多い空間形式とし、外周部に縁側のような二重の建具ラインを設けることで、内部空間のプライバシーや熱環境をコントロールできるようにした。そのコントロールは住まい手の意志に委ねられている。そして、住戸平面もコンパクトな水回り以外は可動の家具と建具が設けられているだけであり、空間の使い方は住まい手の選択に委ねられている。設計者側からの限定が低い曖昧な空間形式とすることで、住まい手の参加を誘う空間が実現している。住戸ユニットは、住棟間をつなぐバルコニーを介して離れをもつような構成なので、自分の部屋を外部を通して眺めるという視点が生まれている。同様に、このような分棟配置の集合形式は、他の住戸の気配をうかがうこともできる。共に住まう根拠は生活の気配を共有することにある。

図 20 「洗足の連結住棟」 視線が交錯する中庭

図 21 「洗足の連結住棟」 視線が侵入する住戸

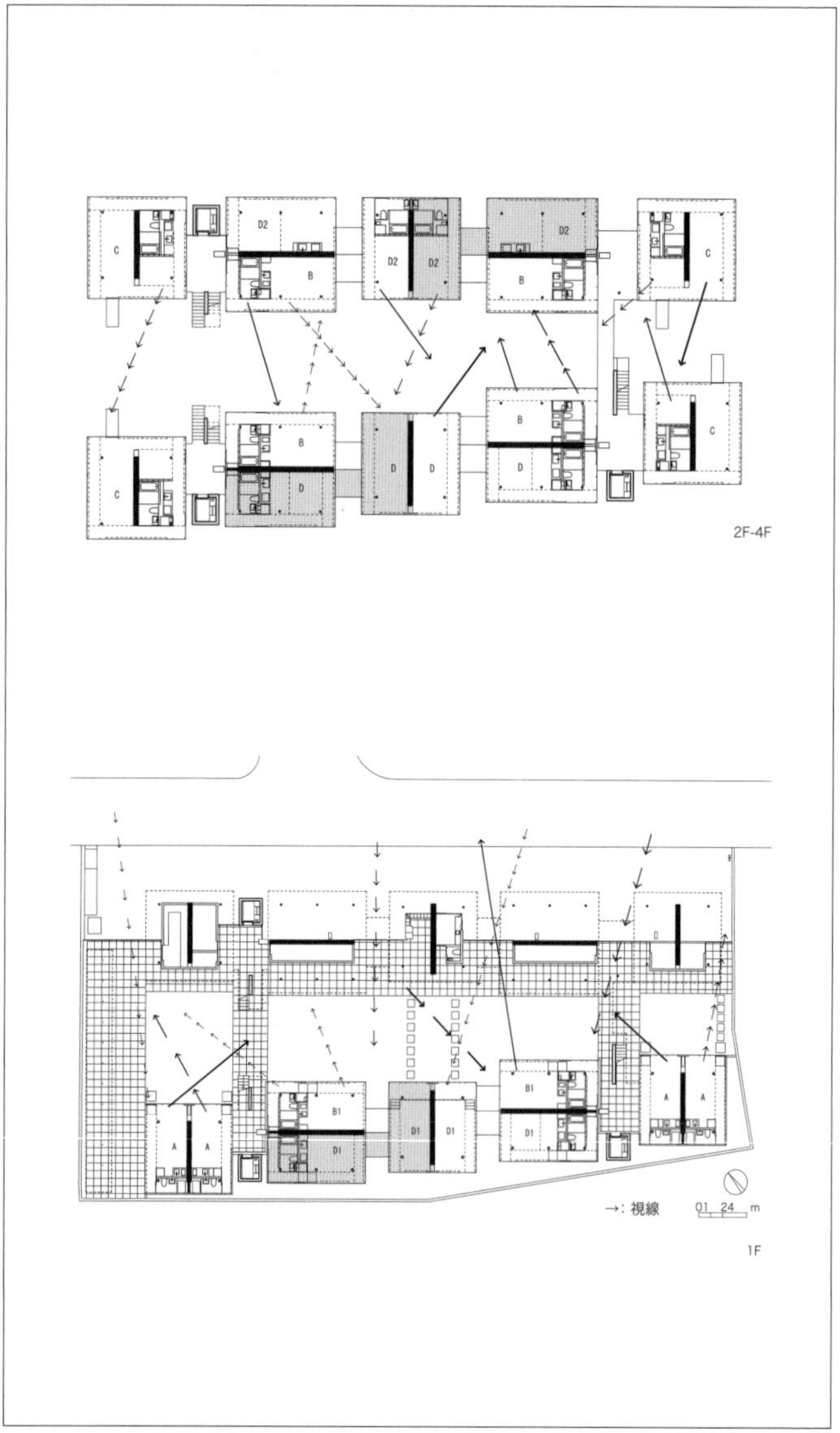

図 22「洗足の連結住棟」 平面

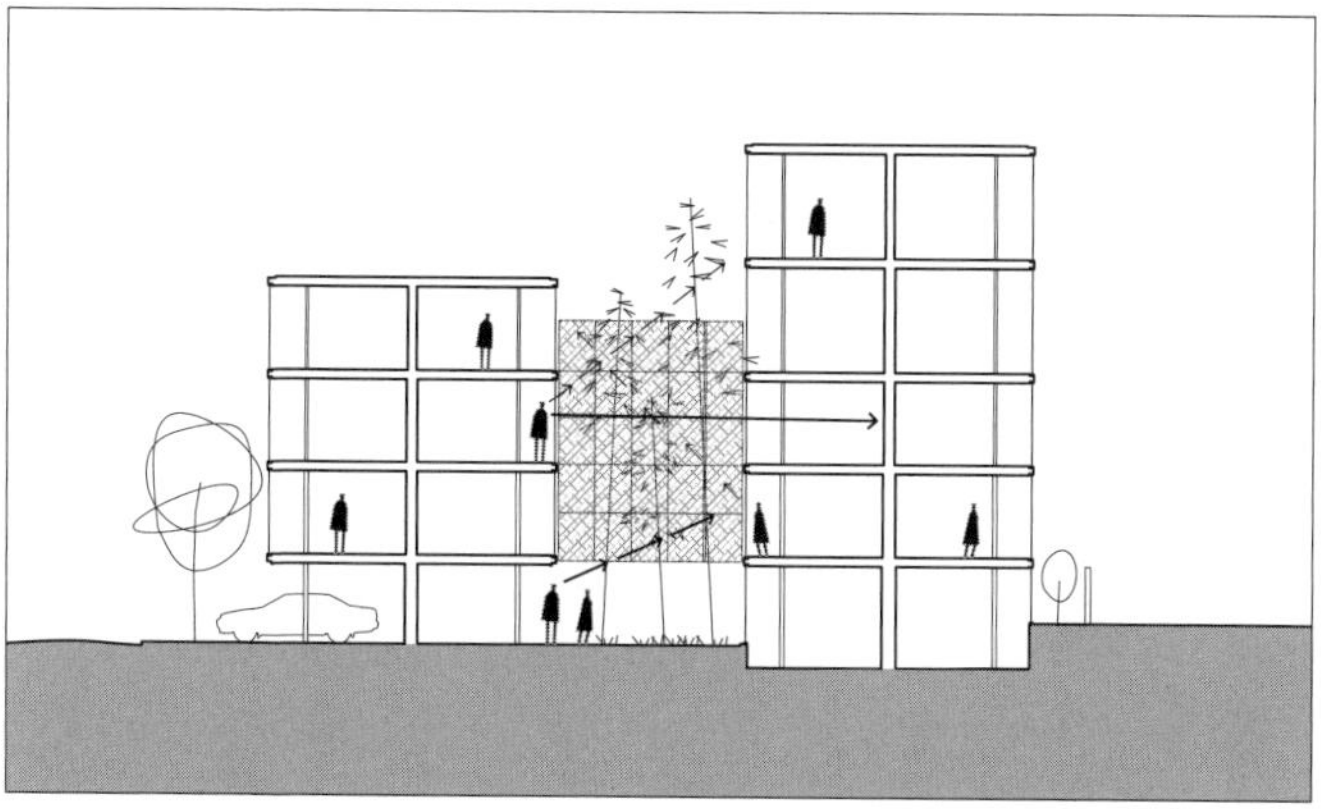

図 23「洗足の連結住棟」 断面

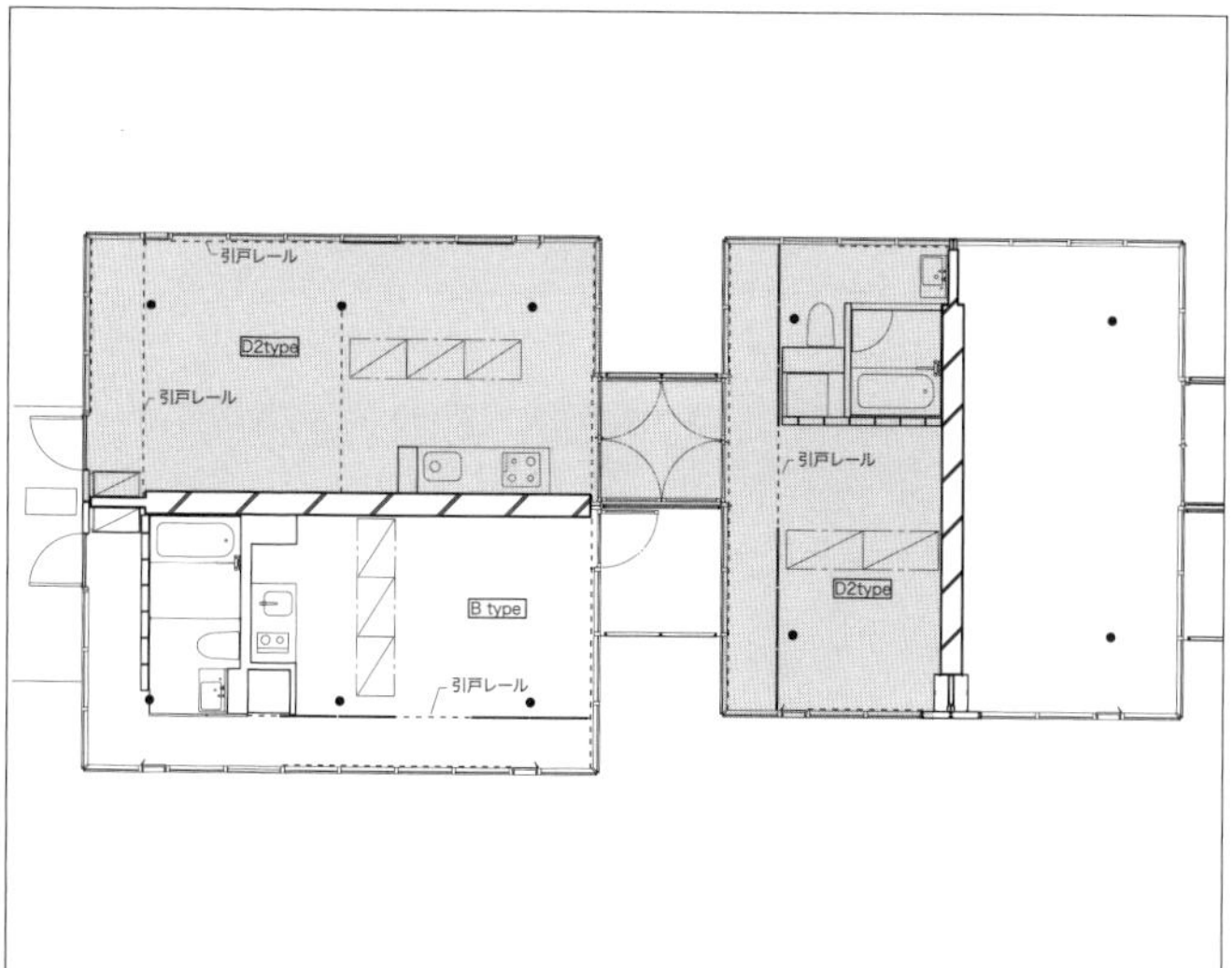

図 24「洗足の連結住棟」 スプリットタイプ住戸

図 25「洗足の連結住棟」 住まい手が建具を動かして環境・視線をコントロールする

「祐天寺の連結住棟」（２０１０）の計画地は、典型的な木造密集市街地だ。洗足とは異なる濃密な周囲のグレインに、縫い込むように注意深く配置計画を行った。敷地中央には透明なボリュームを3棟配置し、敷地境界には周辺の建物や法規に対応するように小さなボリュームを分散配置した。敷地内部に周辺と連続する隙間や空地を引き込み、敷地内外に光と風が流れるように検討している。住居ユニットは、バルコニーを介して中央の開放的な空間と、敷地周辺の閉鎖的な空間を連結した、スプリットタイプ（離れ付き住戸）である。ユニットの間で視線が交錯するため、互いに生活の気配を感じる。住戸間のプライバシーのレベルを下げ、互いに気配りをしながら生活をすることで、人と人の関係性をつなごうと考えている。さらに、外部空間という所有の曖昧な空間を複雑に貫入させることで、共有する場の感覚を与えようとしている。この集合住宅ではさまざまな場所で住まい手（さらには近隣）の視線が交錯する。プライバシーとは視線を遮断することであり、コミュニティとは視線が交錯する空間の中に生まれる。他者の生活の気配を感じ他者に気配りすることによって、近隣の泡の中で生活しているということが日常生活の中で自覚できると考えている。

図 26 「祐天寺の連結住棟」 周囲の路地を編み込む

図 27 「祐天寺の連結住棟」 道路とつながる中庭

図 28 「祐天寺の連結住棟」 ボリューム配置アクソメ

図 29 「祐天寺の連結住棟」 視線のスタディ

図 30「祐天寺の連結住棟」 透明なボリュームと小さなボリュームが連結する構成

図 31「祐天寺の連結住棟」 周囲との関係

図 32 「祐天寺の連結住棟」 住戸どうしの関係

図 33 「祐天寺の連結住棟」 中庭との関係

新しい中間集団の創造

震災の起こった２０１１年は、日本の社会が人口のピークをうち漸減する傾向が始まった時期と重なる。地方都市の急激な人口減とともに、持続することが困難な限界集落という社会問題が顕在していた。１９９５年の阪神淡路大震災が都市部の被災であったのとは異なる様相を示していた。社会状況も当時とは異なるが、被災のエリアが異なる。そして、津波で流され更地になってしまったことはさらに次元の異なる状況であることを示している。壊れたものを再建するのではなく、インフラも初めから検討するタブラ・ラサとなったのだ。だからこそ、地方都市の新しい形を示せる可能性があった。第Ⅰ部でも触れたが、東日本大震災の復興プロジェクトに参加することは、未来の私たちの社会を考えるという重要な意味があると考えていた。

「コモンズを生成する集合形式」というタイトルを付けて、災害復興公営住宅設計プロポーザルに応募した。その内容は被災しコミュニティが劣化している共同体の再生を狙うものである。産業化された経済活動が集積する大都市ではなく、漁業や農業などの自然との関係で生をなす地方都市に、未来の豊かな生活があるというビジョンが示せれば、それは日本の未来社会をプレゼンテーションすることにもなる。そこで、産業の在り方やコミュニティの在り方を示す必要があるのだろうと考えていた。そして、災害復興の公営住宅であるから個別解ではなく、被災地のどこでも適応できる普遍解である必要がある、と同時に、被災を受けた地域性に対するしっかりとした回答が要求されると考えていた。

要項は5階建てくらいの建物が想定されているようであったが、検討してみると2階建てで要求されている住戸すべてが納まることがわかった。そして、何よりも工事コストを下げるためのさまざまな検討を行った。低層にすることで仮設費を圧倒的に下げる検討。さらに、現場に建っていた解体する既存建物のガラを場内で処分できるように地盤設定を計画すること、労務コストの上昇が懸念されたのでプレキャストコンクリート（PC）の導入の提案、同時に最寄りのPCプラントの稼働状況を調べた。サッシなどの建築部品はすべて標準品となるような計画とした。低層にすることで当然工期も短縮され、将来の維持管理も容易になる。被災地で実現させるためにはコストを安くすることが重要であった。そのため提案の中心はテクトニクスであった。

提案したものは新しい建築のタイポロジーの提案である。採用され、この建築形式の有用性が理解されればこの地域の新しい「普通」の住まい方になることを考えていた。それは、2階建てのユニットの反復なのだが、レベル差を利用したメゾネットタイプの住戸はダブルアクセス（入口がふたつある）住戸として、仕事場や店舗（公営住宅法が許せば）にもできるように配置した。住戸の形式は人びとが選択できる。さらに、施設内の公的な機能の領域を、コモンズの空間となる開放系の共有空間として、それを緩やかにつなぐ。コモンズとは「誰のものでもない、しかし誰もが私の場所だと思う」入会地である。視線が通り互いの気配を感じ、見守る空間である。機能が特定される諸室はコモンズの海に浮かぶ諸島であるというコンセプトであり、そしてこの開放系の共有空間が地域社会と連携していくのだ。この社会で共通資本として認識される住宅のプロトタイプをつくりたかった。

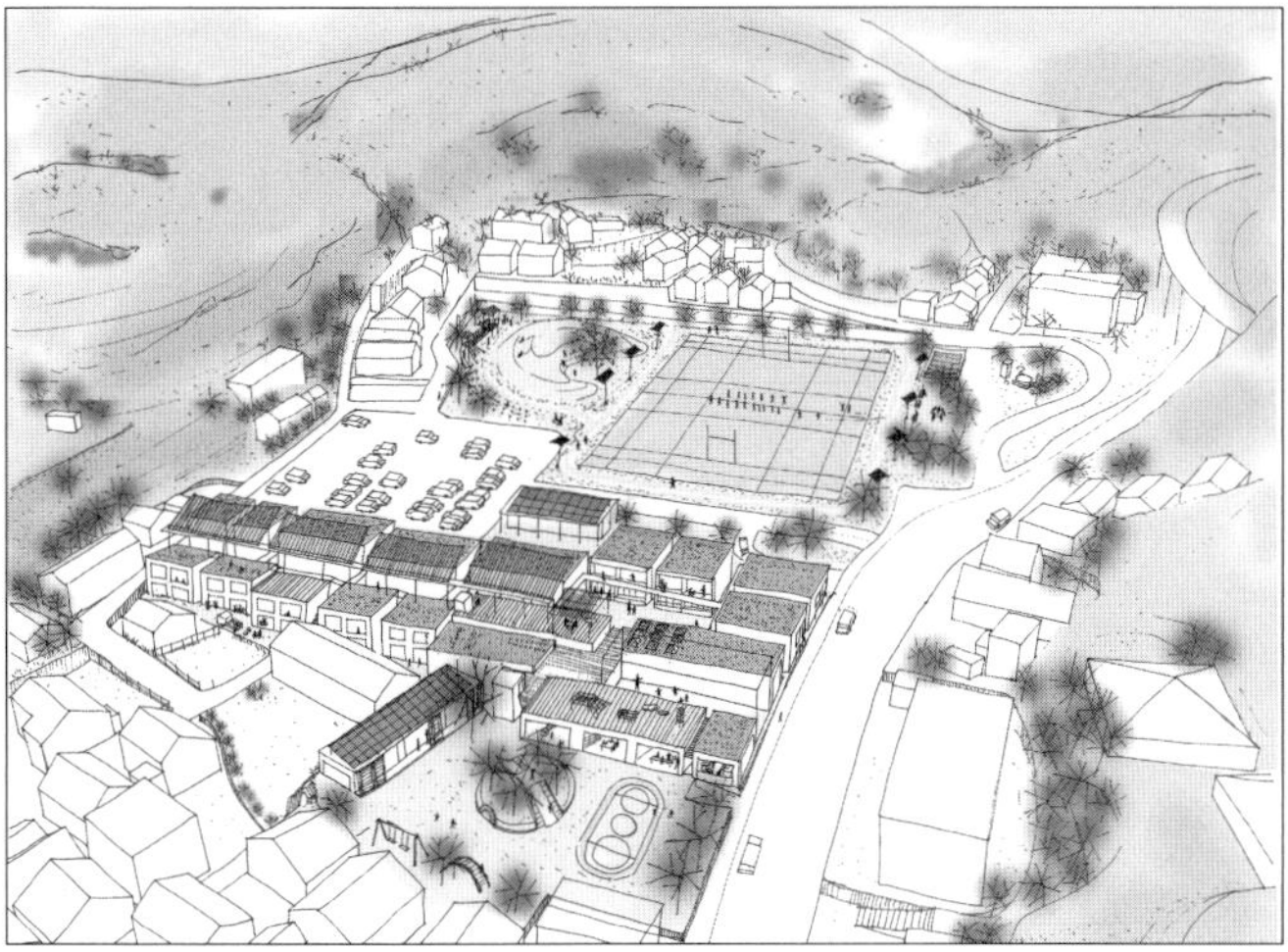

図 34　釜石市災害復興公営住宅設計プロポーザル提出案より　全景スケッチ　棚田のような風景が広がる

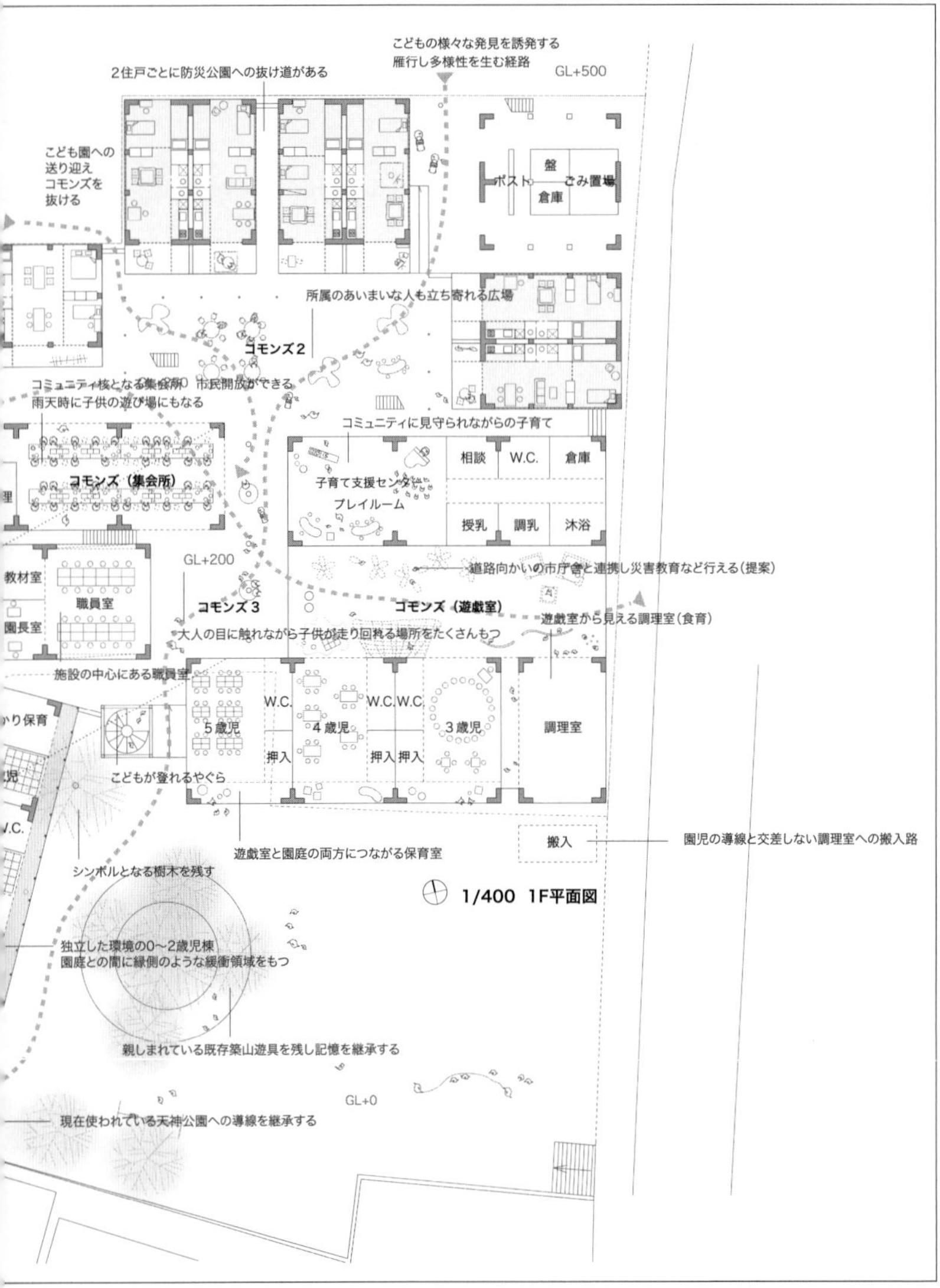

こどもの様々な発見を誘発する
雁行し多様性を生む経路
GL+500
2住戸ごとに防災公園への抜け道がある
こども園への
送り迎え
コモンズを
抜ける
ポスト
盤
倉庫
ごみ置場
所属のあいまいな人も立ち寄れる広場
コモンズ2
コミュニティ核となる集会所　市民開放ができる
雨天時に子供の遊び場にもなる
コミュニティに見守られながらの子育て
相談
W.C.
倉庫
子育て支援センター
プレイルーム
授乳
調乳
沐浴
コモンズ（集会所）
GL+200
教材室
職員室
園長室
道路向かいの市庁舎と連携し災害教育など行える(提案)
コモンズ3
コモンズ（遊戯室）
遊戯室から見える調理室(食育)
大人の目に触れながら子供が走り回れる場所をたくさんもつ
施設の中心にある職員室
W.C.
W.C.
W.C.
5歳児
4歳児
3歳児
調理室
押入
押入
押入
こどもが登れるやぐら
搬入
園児の導線と交差しない調理室への搬入路
遊戯室と園庭の両方につながる保育室
シンボルとなる樹木を残す
1/400　1F平面図
独立した環境の0〜2歳児棟
園庭との間に縁側のような緩衝領域をもつ
親しまれている既存築山遊具を残し記憶を継承する
GL+0
現在使われている天神公園への導線を継承する

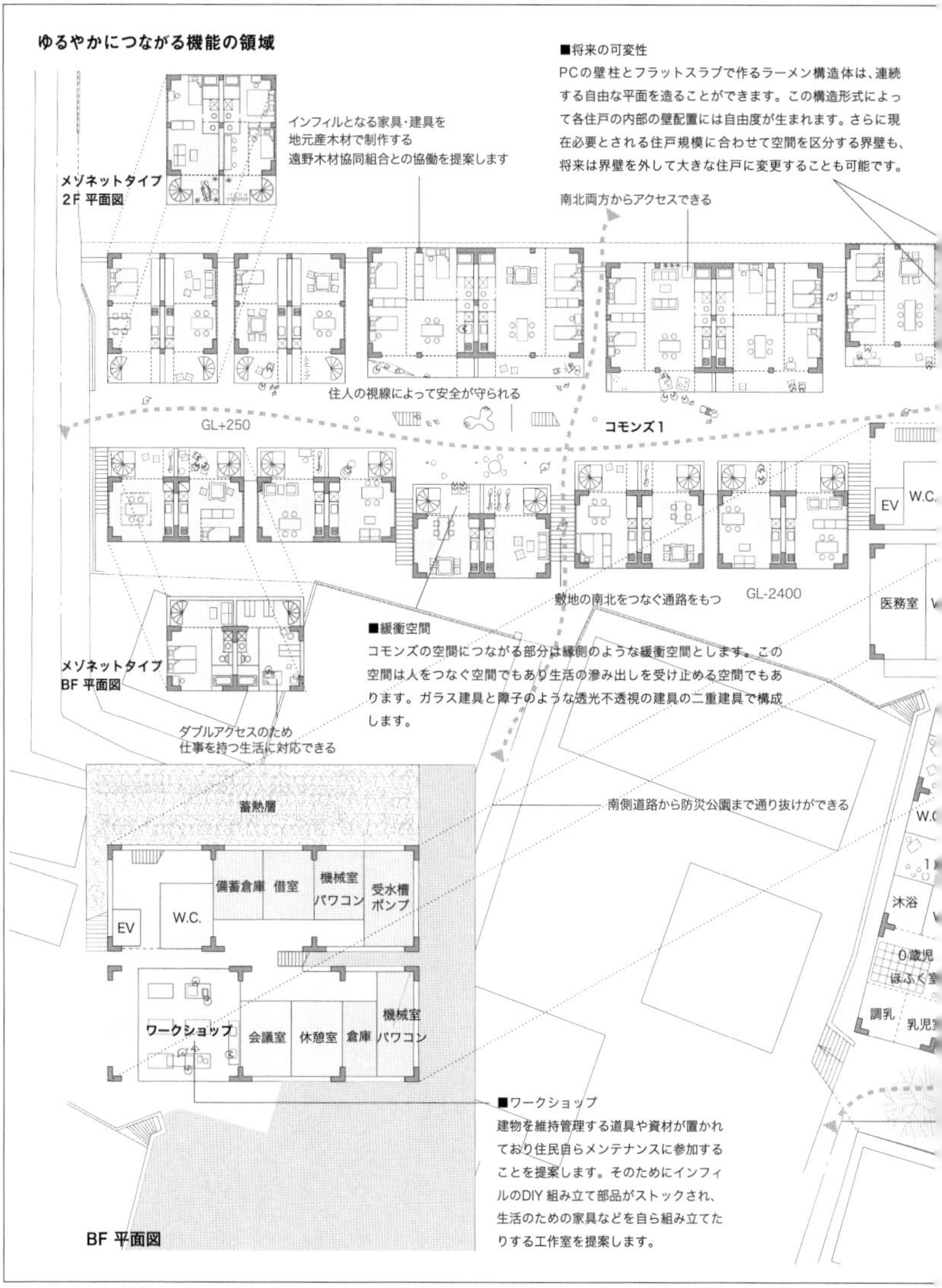

図 35　釜石市災害復興光栄住宅設計プロポーザル提出案より　平面図

図36　木密リング（白抜き部分）

都市のリサイクル

絶えず生成変化（メタボライジング）を続ける東京の未来の住宅地の中に、都市の可能性があると考えていた。この東京の都市状況から、2010年のヴェネチア・ビエンナーレ国際建築展日本館の展示コンセプトを組み立てたのだが、それをさらに展開して、2011年の秋に行われたＵＩＡ（Union Internationale des Architectes; 国際建築家連合）東京大会で「Tokyo Urban Ring」という東京の未来ビジョンを提示した。東京に環状に存在する木造密集市街地（木密リング）の都市組織を、未来型の居住都市に生成変化させるというプロジェクトである。

遅いモビリティが人の出会いを多くする

1

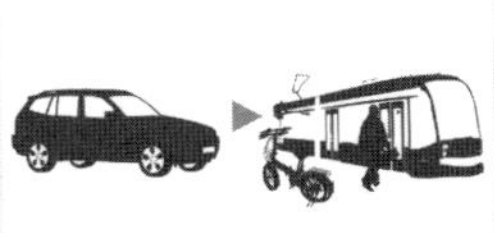

自動車を前提とした都市構造から歩行者や公共交通を主体とする社会へ移行する。カーシェアリングやレンタサイクルなどが整備され、個人用の電気自動車など多様な移動手段が用意される。自動車のために過剰に整備された道路は人間のための空間に変換される。

防災のための空間が日常生活を支える

2

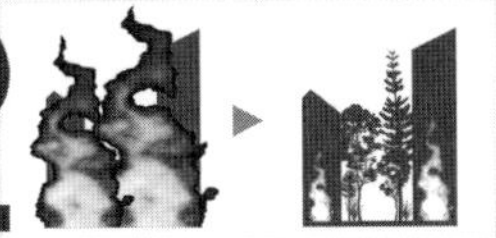

災害時の緊急車両が進入できる道路の確保だけではなく、個別の建物自体の耐震耐火構造への建て替えや自助消火設備をもつことで防災の強い地区をつくる。小さな空地や路地に日常生活を豊かにする庭木や樹木を植え、それを連鎖させることで延焼を防ぐ。

ローカルなシステムが身近なネットワークをつくる

3

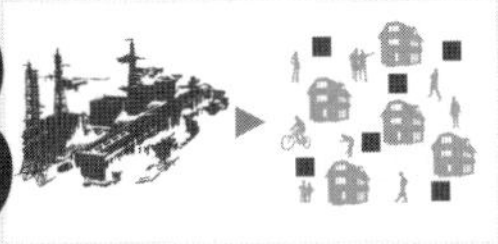

近隣商店街という流通のローカルシステムは商品を媒介してコミュニティを支える。さらに、巨大なエネルギーインフラをコジェネ、燃料電池発電、またはゴミ発電などのローカルなシステムに変換することで、エネルギーを根拠とするコミュニティ単位が生まれる。

新しい家族のかたちが共同体を組織する

4

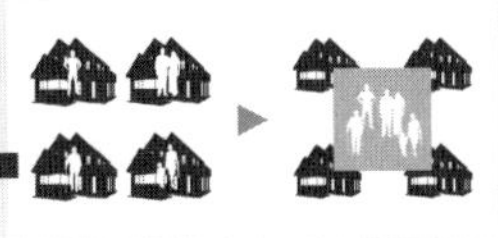

核家族に対応する住宅は世帯数人数の減少、家族形態の多様化の中で一家族一住宅のシステムが変容する。コレクティブハウス、シェアハウスなどの新しい集合形式が用意される。それは豊かなコモンの空間を内在しており、新しい共同体のための空間が形成される。

高度な用途混在が生活圏をコンパクトにする

5

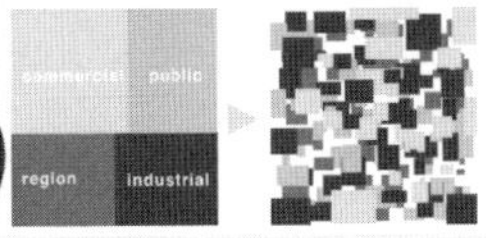

情報技術の進化によって人々の働き方がかわり、産業構造も変化する。機能別に区分されたゾーニングではなく生活の場と働く場が混在することが可能になる。移動のための空間と時間は縮小される。異なる機能が混在することを支える緩衝の空間が重要な都市要素となる。

図 37　UIA 東京大会で示した「都市モデル」の前提条件

東京の木造密集市街地の形成過程には震災・戦災を素因としているため、計画原理が不在のインフォーマルな市街地形成がされている。細街路が網の目のように入り込み、土地が細かく区分所有されており、未接道宅地が多数存在する。中には空き家も多く空き地となっているものもある。相続の過程で、土地の所有や権利関係が錯綜しており、そのため大規模に計画地をまとめる開発は困難となっている。そして、ほとんどが1・2階の木造の小住宅なので、災害時火災となると大きな被害が予想される。この東京都の重大な都市問題エリアである木造密集地域整備事業対象地区を、新しい都市の環境単位として再生しようとするものである。

東京の木造密集市街地は多くの問題を抱えているが、そこには人びとの濃密な生活空間が存在している。距離的に都市の中心部に近く生活の利便性が高いため、世代を更新しながら住み続けられており、そこには良好なコミュニティが存在する。しかしながら、敷地規模が小さく、未接道宅地も多いため街の更新は困難である。そこで、現存のコミュニティを壊す可能性のある大規模な再開発ではなく、防災上有効な小さな建て替えが連携して、面的に災害に強い地域につくり替え、その建て替えによって床を増やして新しいコミュニティを迎え入れるという、生成変化のプロセスを提案した。

まず、幹線道路で囲われた街区内の細街路は生活道路として車の侵入を制限する。これはヨーロッパの旧市街などで行われているライジング・ボラード（機械仕掛けの車止めで、定時で上下する。夜間は下がっているが日中は車止めが上がっている。また、緊急自動車などはリモコン操作で車止めを下げることができる）の導入や、街区内の細街路をすべてT字路とすることで、不要になる道路を廃道し遊歩道とする提案をしている。道路は車の交通のためにあるのではなく、人びとの生活の場となる。そこでは、子供の遊び場や、高齢者の寄合い、立ち話など、日常生活を通して人びとを関係づける場となる。建て詰まった街区の道路をコモンズ（共有地）の領域に参入し、土地を所有するのではなく使用するという概念を育成する。駐車場は幹線道路に接する土地に集合パーキングを設け将来はカー・シェアリングを進めるという地域のビジョンがある。

そして、密集している街区の真ん中の未接道宅地を共有の空地（コモンズ）とすることで光と風を取り込み、視線、動線を共有する「共有圏」という新たな中間集団を提案する。この空地には井戸が設けられ、近隣のコモン・ガーデンやアウター・リビングとして使われる。火災発生時には自助消火ができ、延焼を防ぐ役割を果たす。接道する土地所有者の意向によって「路地核」と名づけた共用の垂直動線や防火用水などの生活インフラ施設を設け、周辺の宅地の共同建て替えを誘導する装置として計画する。この共同建て替えによってグレインを変更させ、敷地境界ではない外部空間の新しい使い方を導入する。そこでは、心地よい戸外生活が営まれる共用の豊かな外部空間をもつ新しい生活ユニットが構想できる。

小さなリサイクルであっても、それがネットワークを組むことで巨大な都市そのものを変更する

■未接道の既存家屋

図 38　路地核を挿入する

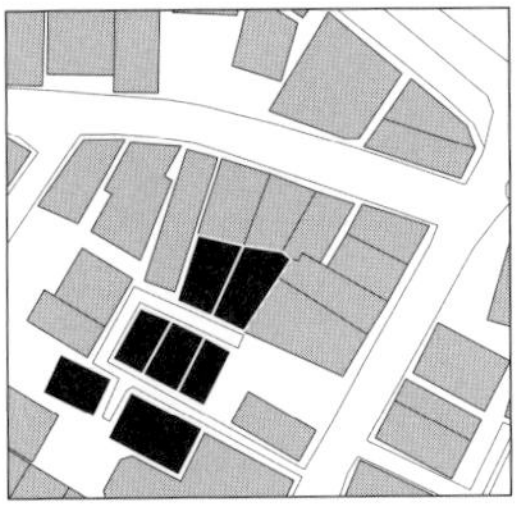

↓

図 40　路地核による木造密集市街地の都市リサイクルのモデル

図 39　路地核が出現した街のイメージ

図 42　路地核に住戸ユニットを接続する

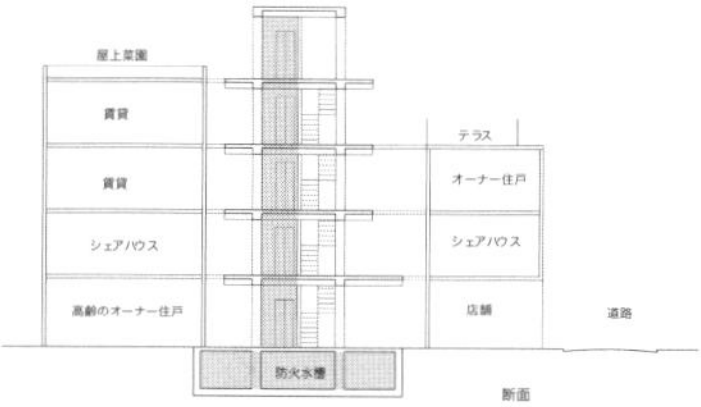

図 43　路地核ネットワーク

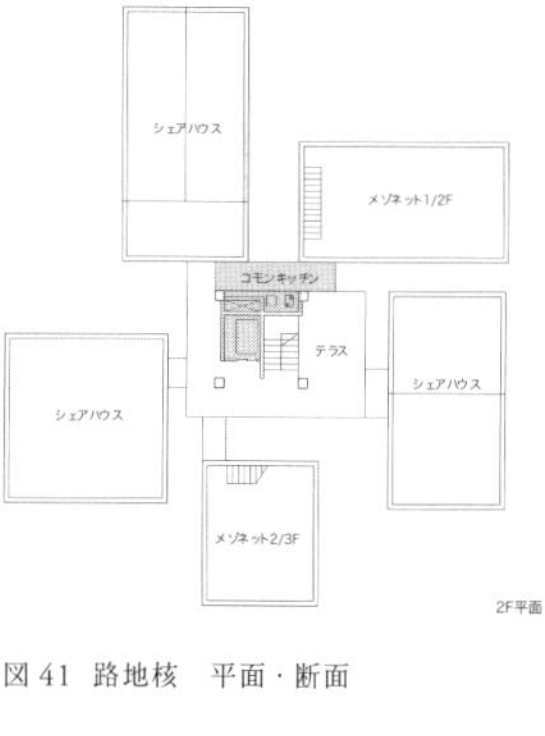

図 41　路地核　平面・断面

可能性がある。現在東京の木造密集市街地の面積は約7，000ha（東京都木造密集市街地整備地域）という、ひとつの都市を包含するほどの大きさを占める。その木造密集市街地という問題地域こそが、東京という都市が居住都市に変容する未来に可能性を示している。

東京は、戸建て住宅または長屋から、マンションという民間集合住宅に移行し、現在は分譲のタワーマンションが大量に供給されている。タワーマンションという巨大建築は垂直動線をコアとして多層のフロアーが積層し、その各フロアーでは廊下によって細分化された諸室となるという、まさにツリー構造そのものの空間形式をもつ。この空間の中で人びとは切り分けられ孤立していくのだ。小さな敷地に多層の床をつくることができるという経済原理だけで、このような商品としての住居を大量に供給することを許してよいのだろうか。20世紀末、世界的な産業構造の変換の中で、東京の都市周辺にあった産業用地や物流用地が空地となり、そこが不動産開発業者の主戦場になっている。区分所有された高層マンションは30年もすると維持管理が困難となり、スラム化するであろう。開発業者には膨大な利益をもたらすため、国家が用意した「都市再生法」というルールに守られて、未来の都市の粗大ごみが急ピッチでつくられている。だからこそ、経済モデルとして、タワーマンションに置き換わる新しいオルタナティブを早急に創造する必要があるのだ。

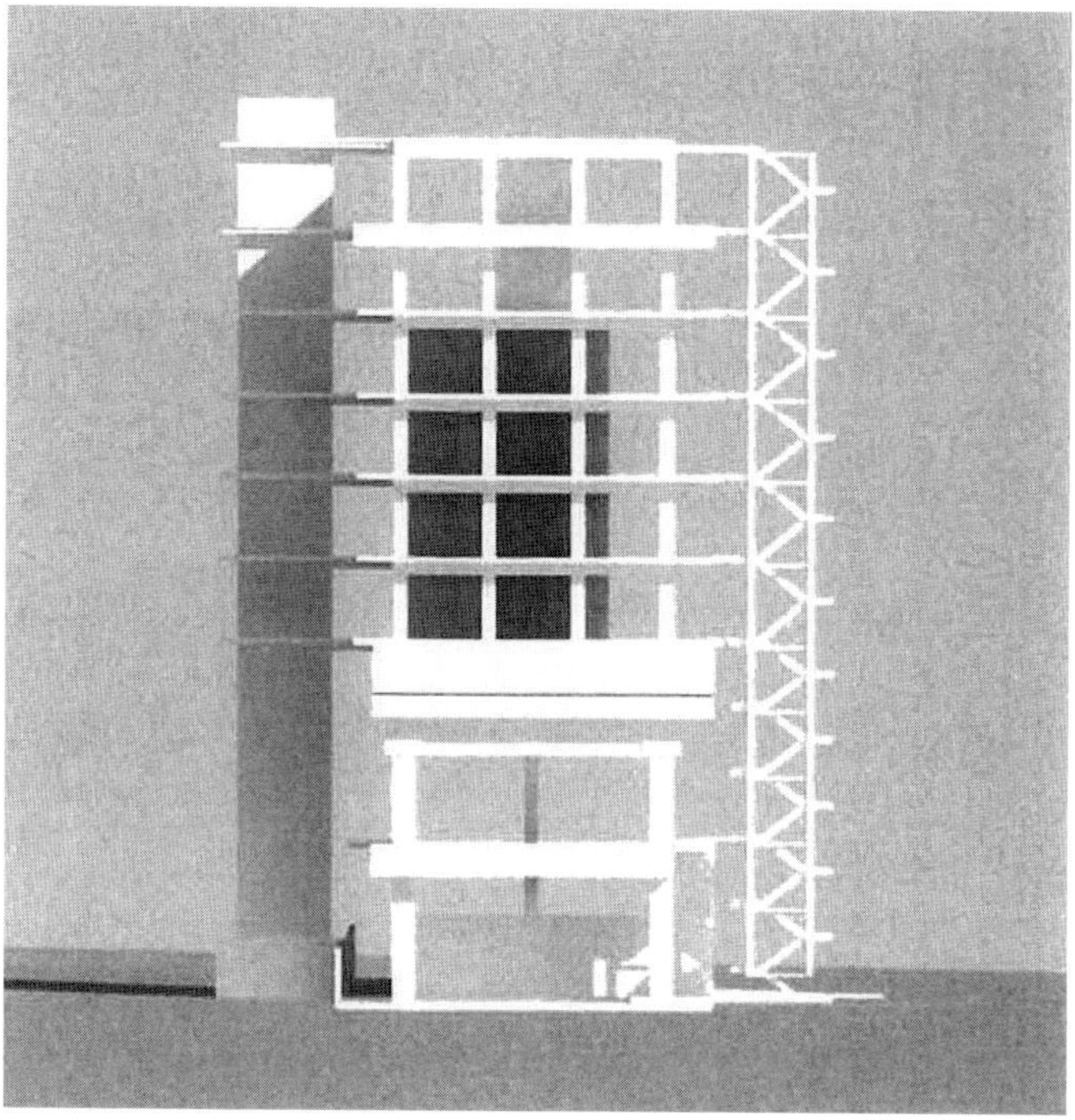

図 44　「モンナカプロジェクト」恣意的な付着物をすべてはずし、この社会がもつテクトニクス合理に従い、徹底してオーディナリ（当たり前）である、生活インフラをサポートする建築

現在、東京で進めている「モンナカプロジェクト」では人びとの新しい集合形式を検討している。単身者世帯が過半となる東京では、新しい家族＝中間集団の在り方が求められている。未来の都市は、人びとが住まう住居の集合形式がその様相を決定すると考えている。

このプロジェクトでは、家族を超えて拡張した人びとの人間関係を生産する空間をつくろうとしている。同時に長期間にわたる経済的な事業の優位性を創造しようとしている。豊かなシェアの空間やコモンの空間、人間の関係性を誘発する場は絶えず要求されているが、社会的共通資本として承認されることは未だ難しい。この社会に設けられている社会システムを勘案しながら、社会ストックとして持続可能なハードウエアを開発する必要がある。この建築は、新しい経済モデルに適合させることで、未来の都市組織の一単位となる。そして、その建築が都市風景を変える可能性があると考えている。

新しい世界実在のために

世界の都市は経済活動のために再編され、都市の中心部はガラスカーテンウォールの高層オフィスビルに埋め尽くされ、世界中どこでも同じ風景の都市となっている。そして、都市周辺には、都市の中心で働く人びとのための専用住宅地が用意され、その住宅地と都市の中心を結ぶ交通が用意されている。現代のわたしたちは、どこでも同じ世界の規範の中に生きている。

歴史的に見ると、人間の世界は、原始共同体という一体の社会組織であったのが、「近代」という規範の中で、プライベート・セクター／パブリック・セクターという対立する社会構造が生まれている。（123ページのダイヤグラムを参照）プライベート・セクターは自由を要求し、パブリック・セクターは規律を要求する。言い換えると、それは欲望と抑圧という抗争関係を内在している。このプライベート・セクター／パブリック・セクターという社会構造は、資本主義が要求する市場を効率よく働かす原理なのである。19世紀にはこの資本主義によって生まれる社会矛盾を乗り越えるイデオロギーとしてコミュニズムが提出され、このイデオロギーのヘゲモニー抗争が20世紀に行われ、1989年に資本主義独裁が始っている。そのため、資本主義の生み出す社会矛盾はさらに拡大している。だからこそ、その資本主義の作動原理に対抗するコモンという概念が再び召喚され、コモン／マーケットという抗争が生まれているように思える。このコモン／マーケットの抗争は人間世界の問題であるのだが、さらに「近代」という文明には、自然環境と対抗し人工環境を生み出すという、自然克服の存在原理がある。都市や建築は、この「近代」という規範の中で、自然環境を切り取る人工環境として、私たちの当たり前の生活を支えているものなのだ。

「現代」とは一時的で瞬間的に過ぎ行く「今」であり、「近代」とはヨーロッパを中心とした社会規範に関係している。ヨーロッパ世界では、「近代（モダン）」という場合はルネッサンス期の近代的自我の誕生以降とする場合や、または、ヴァルター・ベンヤミンが描く文学的な立場から19世紀半ば、1850年頃を「文化的近代」の始まりとする見方もある。さらに『比較歴史制度分析（アブナー・グライフ）』という本を読んで知ったのであるが経済史では、12世紀にイスラム世界との抗争の中で、経済活動で優位を占めたヨーロッパ世界から始まる文明を「近代」とするという説がある。その文明は大航海時代、宗教改革、コペルニクス、ガリレオ、ニュートンなどの宇宙を含む自然科学の展開とともに、資本主義という社会システムによって世界の覇権を握ってきた。そして、現在その「近代」という規範の終焉と、「近代」という歴史の終わりが始まっているという見方がある。

資本の独裁によってプライベート・セクターの欲望が暴走し、その欲望を支えるためのテクノロジーが高度になればなるほど、世界はカタストロフィーに近づいているのではないか。東日本大震災の福島原発の被災は、ミネルバのフクロウである。それは「近代」の終焉を示しているように思える。「近代」を超克し、人間を主人公とする世界では、豊かな生活世界の実現が求められなければならない。そこでは、働くこと、活動の在り方が主題となるはずである。人びとを集めて一定の時間人間の活動を拘束するオフィスビルの集積を中心とする都市とは、「近代」の極限の空間表現である。この非人間的システムは都市というデストピアでもあるのだ。都市が人間のために存在するとすれば、どのような世界が実在するのであろうか。それを探求することが、アーキテクチャーという領域なのだ。

1　Hannah Arendt, *The human condition*, University of Chicago Press, 1958／ハンナ・アレント著、志水速雄訳『人間の条件』、筑摩書房、1994、60ページ

あとがき

近代という概念

ユルゲン・ハーバーマスの『近代／未完のプロジェクト』は、1980年のパオロ・ポルトゲージが総合ディレクターを務めた第1回ヴェネチア・ビエンナーレ国際建築展「過去の現前」から始まる。そして、ここで登場することになる「ポスト・モダニズム」を反モデルネ（反現代精神）として批判する。

「近代」そして「現代」という言葉は単に時間概念を表しているものではない。「近代」も「現代」も英語では「modern」と表記される。「近代」の始まりはルネッサンス期の近代的自我の誕生以降とする場合や、またはハーバーマスが紹介する19世紀半ばを「文化的近代」の始まりとする見方もある。

いずれにしても「近代」という概念形成はヨーロッパの文明に関連するのであるが、それは過去を切り離して前へ進もうとする時代の精神を背景とする。ヨーロッパ世界が発明した新しい社会制度、思想、生活様式を規範とする世界が「近代」である。近代化とはヨーロッパ化なのだ。そこで、私たちはヨーロッパを中心とする体制（レジーム）の中にいるということが了解できる。日本という文化の中で建築を思考する時、この「近代」概念は疑似的世界をつくる植民都市のように存在している。私たちは、この「近代」というものをどう扱うのかという問題を常態として抱えているのだ。

ヴェネチア・ビエンナーレ国際建築展という仕掛けには、文明の中心はヨーロッパにあるとするユーロセントリズムの思想がある。2010年の日本館展示「トウキョウ・メタボライジング」では、それを相対化することができないか考えていた。そこで旧大陸と新大陸、19世紀と20世紀という対比をつくりながら、東京という都市を「近代」から相対化しようと考えた。同じ人間という種が集合する形式として都市があるのだが、世界にはこれだけ多様な都市がある。それを根拠に建築は世界に登場する。それ故、どんなに小さな建築であっても文化を内蔵し、それを表象するメディアとなるのだ。だから「近代」を相対化できるのは、その場所を明らかにする都市を根拠とする建築なのだ。

権力装置としての都市

ヴァルター・ベンヤミンの『パッサージュ論』に、オースマンのパリ改造は暴動を抑える権力側の都市改造であると記述されていたのが記憶に残っていた。そして、『都市の憂鬱』（富永茂樹、新曜社）では、パリ改造の同時代を生きたボードレールの都市空間の喪失感が紹介される。失った空間への感情として「身体が占拠し、移動し、ふれあう空間である環境もまたわれわれの身体図式には組み込まれているのであり、『知覚の現象学』（メルロー＝ポンティ）で用いられている意味での《身体図式》はここで《環境図式》と言い換えられる」と考察する。都市空間は身体の経験を通して人びとを環境に同定させる。さらに「このパリ改造によって、近代市民社会はその空間的な表現形式を見出し、つくられた空間は、市民道徳（公共性）に対して確固たる物質的基礎を呈示する（中略）19世紀後半以降の空間構成におけるひとつのイデオロギーのありようなのである。」（一部著者加筆）と書かれる。都市空間という物質環境によって近代市民社会の規範が示される。オースマンのつくった見通しのきく街路によって人びとはパブリックという概念が教育されたのだ。

ところで、建築の教育の現場ではパブリックという概念は肯定的な意味で使われることが多いが、「公共性」という言葉は、第1に国家という権力につながるもの、第2には個人の利益を超えた集合的な公益を示すもの、そして第3に誰でもが参加できる開かれた自由という概念を含むもの、という3つに大別できるそうである。そして、この3つの概念は互いに抗争する関係にあることに注意する必要がある。「パブリック」の対概念は「プライベート」であるが、その境界は固定されるものではなく、パブリックは私的領域によって相対化されて現れるものである。ノリの地図にみるようにヨーロッパ世界では、この「私的領域」と「公的領域」は私的な《環境図式》として認識されてきた。オースマンのパリ改造で出現した、見通しのきく大通りという「公的領域」は、それとは異なる「政治的」な空間である。このオースマンの都市空間は権力による抑圧の構造を内在している。

そうみると、ル・コルビュジエが、パリの中心部を再開発するヴォワザン計画（1925）を、さらに1940年、ナチスの占領下にあるヴィシー政権にも提案し、執拗にオースマン・ファサードを解体しようとしたことが理解できる。ル・コルビュジエはこの抑圧する都市空間に抵抗し壁に拘束されない自由な空間を求めたのではないか。そこで「近代建築の5つの要点」はこのオースマン・ファサードを壊すための設計図のように読める。現在パリでは、パリの都市シンクタンクであるAPURによって、都市周辺部の再生計画（エコ・カルチエ）が進められている。そこではオースマン・ファサードを外してコミュニティパークをつくったり、中庭型の街区住居の中庭を周囲の住民も使えるように開放する計画が行われている。これは、方位を無視した街区構造や、共有地を生みにくいオースマンの都市空間を、その住性能を問題とする再生計画のようである。東京とは時間のスケールは異なるがパリもリサイクルされている。

現代都市の発見

1871年のシカゴ大火によって、現代都市が生まれたのではないかという話は、筆者の個人的な観測である。歴史家ではないので参照する場合は気をつけていただきたい。まだ20世紀であった15年ほど前に友人の一橋大学の教授から依頼されて、「資本主義がつくる現代都市」というレクチャーを行ったが、そのために用意したストーリーである。

建築領域ではサリバンなどのシカゴ派の建築家たちによって、鉄骨造とエレベーターという技術の組み合わせによって高層オフィスビルという建築類型が生まれたことを建築史で学ぶ。それとは全く別の話題として、フランク・ロイド・ライトという建築家を、ル・コルビュジエ、ミースと並ぶ20世紀の3大巨匠としてその作品を学んでいる。このレクチャーの準備のために読んだ『都市社会学への視座』（横山亮一）で、「シカゴ学派」という社会学の都市理論の存在を知った。それは、19世紀末から、急激な都市拡大をするシカゴを研究フィールドとして、「アーバニズム」という都市の社会実体を検証するものであった。そこで初めて、シカゴ派の高層オフィスビルと、シカゴの郊外にあるライトの住宅作品群が結びついた。資本主義の高度化の中で高層オフィスビルという空間形式が必要となり、そこで働く豊かな賃労働者がライトの住宅のクライアントになるというイメージが浮かんだ。1892年に開業しているループというシカゴ都心の環状鉄道は、郊外の通勤電車の接続のためにつくられているのではないかと想像した時に、毎日定時に職場と住宅を往復するという現代の私たちの当たり前の日常が、この時にデザインされたのではないかと気づいた。これが現代都市がつくる「アーバニズム」という社会実体である。

無限の増殖を求めるプライベート・セクターと、それを制御しようとするパブリック・セクターの均衡の中で、マーケット・メカニズムという資本主義の原理が成立している。マンハッタン・グリッドの敷地では、資本は利益の最大化を求め無限の床の増殖を欲望する。1916年のゾーニング法によって建物の外形（エンベロップ）が決定され、その増殖の欲望が制御される。同時に、この制御によって建物周囲のボイドが担保され、日射しと通風という環境（商品）が守られる。欲望と制御というマーケット・メカニズムによってマンハッタンの風景がつくられているのだ。ニューヨークは「資本主義がつくる都市」である。レクチャーの最後に、ミノル・ヤマサキの「世界貿易センタービル」を紹介して、このビルは資本主義というイデオロギーを見事に空間化した建築であるという説明をした。ゾーニング法の斜線制限によって、通常はクラウンというキャップが被されるニューヨークのビルの中で、頂部が突然切断されたようなフラットルーフなので、まださらに上に伸びるという予感を示していること。そして1本ではなく複数であることは、同じ形のビルが追加される予感を示していること。それは、無限の増殖を欲する資本主義を的確に表現した建築である。だから、WTCは資本主義社会の象徴なのだ。友人の教授は「資本主義がつくる都市」も、WTCの話もピンとこなかったようである。空間という実体が思想をもつという概念は伝わらない。9・11はその後の事件である。

「残余空間」の可能性

学生の時に読んだハブラーケンの小論の影響もあって、当たり前に存在している匿名的住宅地に未来の可能性があるのではと興味をもっていた。2001年に横浜国立大学で研究室をもつことになって、しばらくは東京の何でもない匿名的住宅地を研究対象としていた。そして、東京という都市の中にさまざまなかたちで存在している空地（ボイド）を対象としたプロジェクトを『URBAN VOID PROGRAM』（2005）という冊子

にまとめた。その後も「社会環境単位」というテーマで、コミュニティが崩壊した現代の都市に、人間の関係性を再生させる空間の研究を行っていた。2007年に横浜国立大学の大学院では、Y-GSA（Yokohama Graduate School of Architecture）というスタジオを中心とした教育機関を設けたのだが、そのスタジオでもこの「社会環境単位」というプロジェクトを継続している。そこでは、現代社会の中に日常的に存在する社会的な問題群を顕在化させ、これまでの建築というメディアでは答えられなかったものに対応できる新しい「建築」という概念を創造するという作業を行っている。できるだけ当たり前の住環境を対象地とし、単体の建築ではなく、道路や商店街そして空地といった生活インフラを抱え込む地域プログラムを対象としている。学生たちは空き家や空地、木造密集市街地の細街路、道路の舗装や敷地境界を現すブロック塀、緑地、植木、鉢植え、土地の所有、コインパーキング、単身世帯、家族のことなど、当たり前に存在する社会の問題群を対象として取り上げ、「建築」という概念を拡張していく。資本が占拠し人びとを分断し孤立させてきた都市空間には、その資本やさまざまな権力が収奪した跡の「残余空間」である隙間のような空地や都市の周辺部に、インフォーマルな活き活きとした人間のための生活空間が描かれる。

たとえば、木造密集市街地に多数存在する未接道宅地という、権力の一方向の決定に人びとは無力である。そこには、不良宅地という差別用語で呼ばれる未接道宅地がある。それを抱え込む街区では、その違法性があるからこそ豊かな生活をもたらす空間に変容できる「建築」が発見される。また、敷地境界を示す塀や道路のペーブメントを消し去ることで生まれる共有空間の可能性や、シャッター商店街に発見的なプログラムを書き込むというだけの「建築」など、プロジェクトは多彩である。本文に取り上げた「路地核」という、劣化した住宅地をリサイクルする小さなインフラのアイデアもこのスタジオでつくられた。

都市の大多数の匿名的住宅地に注目してみると、そこでは生々しい生活と対応する固有の空間が存在している。そこに建築という領域が取り組まなくてはならない問題群があることに気づく。ひとつの歴史が終わる時とは、その権力の要求したモニュメントが効力を失う時なのかもしれない。しかし、その対称にある匿名的住宅地は依然として生活が継続され、リアリティをもって人びとが生きており、それを支える空間が存在する。都市は資本活動のためにあるのではなく、そこに住む人のためにあるのだと思う。が、しかし、その住人のための本当に必要な空間は、いまだ存在していない。見えない空間には、それを求めるクライアントは存在しない。それが、空間として描かれ、イメージがつくられ、共感を得られたならば、それを現実にするモーメントが生まれる可能性がある。その時、建築の主題は大きく変わるのだと考えている。

謝辞

この本は2010年のヴェネチア・ビエンナーレ国際建築展で提出した「トウキョウ・メタボライジング」のコンセプトを下書きとしている。コミッショナーにノミネイトされた時は、東京の匿名的住宅地に登場する新しい建築、その小さな住宅が都市そのものをリサイクルする、というアイデアをもっていた。その新しさとは人間の関係性をつくる空間をもつ建築である。そして、これからの建築の主題は住宅であるとした。塚本由晴さんと西沢立衛さんに参加していただいた。ふたつの住宅の展示は決まっていたのだが、この展示が重大な事件であるという舞台設定が必要だとずっと考えていた。前年の暮れにヴェネチアの会場に実測に行った時に、「近代」の相対化、19世紀／20世紀という規範、君主主義／資本主義という構図を思いついた。その日の夜にノートに一気にコンセプトを描き出したのを覚えている。その時、頭の中にあったことはこの本の内容そのものなのだが、いざ文章で書き出そうとすると思いのほかの労力が必要であった。自分のことながら人間のつくるイメージの総体の大きさに驚いている。そして、そのイメージが生まれた瞬間に感謝している。

そのイメージを本にする機会を得たのは、もちろん、TOTO出版編集長の遠藤信行さんから執筆のお誘いをいただけたからである。長文の著作実績もない私に、2年ほど前この「建築叢書」の提案をいただいていた。なかなか作業が進捗せず、出版は横浜国立大学退任の年度になってしまった。執筆中は編集者である関康子さんに厳しくスケジュール管理をしていただいた。でなければ、怠惰な私はまだ書き終えていないと思う。そして、私の作品集やヴェネチア・ビエンナーレのカタログの編集も担当してくれている architecture WORKSHOP のパートナーである挾間裕子さんには、今回も多大な協力をしていただいた。多くの方々の助けをいただき、そして多くの助言をいただいた。みなさまに感謝を申し上げる。1冊の本ができるということは、ひとつの建築を生み出すほどエネルギーが必要であることが理解できた。また挑戦してみたい。

2015年6月

初出一覧

北山の建築空間 in-between、ADP、2014、36-37ページ、148-150ページ、158-160ページ、163-166ページ、171ページ、188ページ

TOKYO METABOLIZING、TOTO出版、2010、110ページ

クレジット一覧

北山恒 23ページ 図1-1、24ページ図1-2、26ページ図1-4、68ページ 図4-4、122ページ図6-5、123ページ図6-6、144ページ 図2

Sofia Saavedra Bruno 25ページ 図1-3、28ページ 図1-5、29ページ 図1-6

National Library of Congress 32ページ 図1-7

AndreaSarti / CAST1466 35ページ 図2-1、38ページ 図2-3

アトリエ・ワン 43ページ 図2-4、図2-5

西沢立衛建築設計事務所 45ページ 図2-6、図2-7

Le Corbusier Foundation 56ページ 図3-3、84ページ 図4-8、96ページ 図5-6、111ページ 図6-1

Rem Koolhaas (1978). *Delirious new York*. Thames and Hudson. 75ページ 図4-5、81ページ 図4-6、図4-7、84ページ 図4-9

Felice Beato 88ページ 図5-1

増沢建築設計事務所 96ページ 図5-5

大谷卓雄 99ページ 図5-7

公益社団法人都市住宅学会 都市住宅 1972年9月号 101ページ 図5-8

CaSa de Lucio Costa　112ページ 図6-2
川澄・小林研二写真事務所　113ページ 図6-3
ArchiMetal Lab.　114ページ 図6-4
Peter M. Cook　108ページ 図5-11
瀧口範子　128ページ 図6-7
Alejandro Aravena-Elemental　137ページ 図6-9

斎部功　144ページ 図1
株式会社新建築社 145ページ 図4、151ページ 図8
諸麦美紀　145ページ 図5
阿野太一 149ページ 図6、152ページ図10、図11、156ページ 図14、161ページ 図16、162ページ 図17、165ページ 図19、167ページ 図20、図21、170ページ 図25、172ページ 図26、図27、174ページ 図30、図31、図32、図33
中川敦玲　155ページ 図13
Y-GSA　183ページ 図37、186ページ 図38、図39、187ページ 図42、図43
architecture WORKSHOP　35ページ 図2-2、47ページ 図2-8、90ページ 図5-2、93ページ 図5-3、107ページ 図5-10、135ページ 図6-8、145ページ 図3、149ページ 図7、151ページ 図9、152ページ 図12、156ページ 図15、162ページ 図18、178ページ 図22、169ページ 図23、図24、173ページ 図28、図29、179ページ 図34、180-181ページ 図35、182ページ 図36、186ページ 図40、187ページ 図41、189ページ 図44

編集協力

丸善プラネット、南風舎

北山 恒（きたやま・こう）

1950年香川県生まれ。横浜国立大学大学院修士課程修了。1978年ワークショップ設立（共同主宰）を経て、1995年 architecture WORKSHOP 設立主宰。2001年横浜国立大学教授。2007年より横浜国立大学大学院／建築都市スクール"Y-GSA"教授。2011年よりY-GSA校長。2010年第12回ヴェネチア・ビエンナーレ建築展日本館コミッショナー。横浜市都心臨海部・インナーハーバー整備構想や、横浜駅周辺地区大改造計画に参画。

主な受賞に、日本建築学会賞「洗足の連結住棟」（2010）、日本建築学会作品選奨「白石第二小学校」（共同設計1997）、「公立刈田綜合病院」（共同設計2004）、日本建築家協会賞「公立刈田綜合病院（共同設計 2006）」、「洗足の連結住棟」（2010）、アルカシア賞ゴールドメダル「洗足の連結住棟」（2011）、日本建築学会教育賞（教育貢献2010）など。

主な著書に『ON THE SITUATION』（2002）、『建築をつくることは未来をつくることである』（共著、2007）、『TOKYO METABOLIZING』（共著、2010）（いずれもTOTO出版）、『北山恒の建築空間 in-between』（ADP、2014）など。

TOTO建築叢書 6

都市のエージェントはだれなのか

近世／近代／現代　パリ／ニューヨーク／東京

2015年8月10日　初版第1刷発行

著　者　北山 恒
発行者　加藤 徹
発行所　TOTO出版（TOTO株式会社）
〒107-0062 東京都港区南青山1-24-3 TOTO乃木坂ビル2F
［営業］TEL. 03-3402-7138　FAX. 03-3402-7187
［編集］TEL. 03-3497-1010
URL: http://www.toto.co.jp/publishing/
印刷・製本　図書印刷株式会社

Printed in Japan
ISBN978-4-88706-352-5